New Wun Ching Developmental Publishing Co., Ltd.

New Age · New Choice · The Best Selected Educational Publications — NEW WCDP

（（噪音））
與 振動

Noise and Vibration —

楊振峰 編著

國家圖書館出版品預行編目資料

噪音與振動 / 楊振峰編著. -- 第一版. -- 新北市：
新文京開發出版股份有限公司, 2022.01
　　面；　公分

　　ISBN　978-986-430-802-6（平裝）

　　1.噪音　2.振動

445.95　　　　　　　　　　　　　　　110021378

噪音與振動　　　　　　　　　　　（書號：B449）

作　　　者	楊振峰
出　版　者	新文京開發出版股份有限公司
地　　　址	新北市中和區中山路二段 362 號 9 樓
電　　　話	(02) 2244-8188（代表號）
Ｆ　Ａ　Ｘ	(02) 2244-8189
郵　　　撥	1958730-2
初　　　版	西元 2022 年 01 月 10 日

　　職業衛生領域上噪音與振動(Noise and Vibration)是常發生的物理性危害。噪音危害可導致工作者的聽力損失、引起耳鳴、心悸等生、心理危害，進而影響作業時聲音之溝通與傳遞而產生安全問題。此外，局部振動會引起末端循環不良之白指病，而全身性振動會引起各類危害生理之症狀。因此，噪音與振動在維護作業環境安全衛生領域上，具有不可或缺、舉足輕重的角色。作業環境中危害的控制可由汙染源、傳輸路徑與暴露接收者三方面來進行。而危害控制的方法可分為工程控制、行政管理、防護具的使用和健康管理等。本書透過各章節介紹，將噪音與振動危害控制的原理與方法融入各單元中，讓讀者能明瞭如何防止工作者暴露於噪音與振動之危害環境，進而降低罹患職業病的風險。

　　本書共分十章，第一章噪音的認知，分析噪音的定義、來源、特性及量化；第二章噪音危害分析，詳述噪音危害的種類及如何危害工作者；第三章透過噪音的量測，使讀者了解噪音量測儀器及如何測定等；第四章透過噪音暴露評估，了解噪音暴露評估法源及暴露劑量的管理法則。之後，**在噪音控制部分**，第五章分析噪音吸音控制的原理與應用；第六章探討噪音遮音控制的原理與應用；第七章解析噪音消音控制的原理與應用；**在振動控制部分**，透過第八章振動認知與防制，有詳盡的研析。此外，經由第九章防音防護具與聽力保護計畫，讓讀者了解於作業防音時，勞雇雙方的權利與義務；最後第十章將噪音與振動相關法規與綜合評量做歸納與彙整，以利讀者對於防制噪音與振動，能充分明瞭其含義並有依循之法源。

　　本書融入噪音與振動相關的安全衛生法規，使讀者能了解防制噪音與振動規劃時所需之規範。此外各單元融入勞動部技檢中心職業安全衛生管理乙級、職業安全管理甲級、職業衛生管理甲級等學科測試題庫，並提供相關國考試題與解答，以利讀者演練與評量。內容編排上，以淺

顯易懂之文字與圖示，循序漸進呈現，以利讀者能按部就班學習。運用圖說與基本學理推導噪音常用之公式，協助讀者理解與運用。本書匆促付梓，疏漏與錯誤之處尚祈環境安全衛生界的先進不吝指教。

楊振峰 謹識

目 錄
CONTENTS

chapter 07　噪音控制（三）消音原理與應用

chapter 08　振動認知與防制

chapter 09 防音防護具與聽力保護計畫

chapter 10 相關法規與綜合評量

CHAPTER 01

噪音的認知

噪音與振動是一種機械波,需藉由介質之傳遞。常見之建築工地、交通工具、作業環境通風系統之機械運轉時所發出之聲音皆稱為噪音。作業場所中常因機械設備的震動、衝擊、研磨等動作產生令人不悅耳的高分貝噪音,使工作者在心理層面引起緊張、煩躁、注意力不集中等症狀,在生理層面則可能因長期暴露導致高血壓與消化性潰瘍等併發症,嚴重者會造成聽力損失。噪音根據各種不同層面來定義,茲說明如下:

1. 美國職業安全衛生署(Occupational Safety and Health Administration, OSHA)定義噪音為音量大至足以傷害聽力的聲音。

2. 依據《噪音管制法》第 3 條,超過管制標準之聲音稱之為噪音。環保機關所管制的噪音可再依噪音環境管制區、特定場所、施工設備與時段來區分。

3. 依據《職業安全衛生設施規則》第 300 條之定義,噪音乃超過 90 分貝且持續暴露 8 小時的聲音。

4. 依據《勞工健康保護規則》第 2 條之附表一,定義勞工噪音暴露工作日 8 小時,日時量平均音壓級在 85 分貝以上之噪音作業屬於特別危害健康作業,在此場所作業之勞工每年應定期作特殊健康檢查。

第一節　聲音的特性

一、聲音傳遞速度

(一)不同介質的傳遞速度

聲音是由物體振動所造成,經由彈性介質以聲波方式傳送能量。介質可以是液體(水)、空氣或是固體物質。真空中因無介質,故聲音無法傳遞。一般而言,密度越大的介質其聲音傳遞速度越快,以同一聲源而言,聲音傳遞速度為固體>液體>氣體。

（二）音速與溫度的關係

同一介質，聲音傳播之速度則受溫度、風速及濕度之影響，常見之溫度與音速之關係式如下：

$$C\ (m/s) = 331 + 0.6 \times T\ (°K)$$

$$\cong 20.05 \sqrt{°K})$$

式中°K 為凱氏溫度（°K =273+°C）

當大氣溫度為 25°C 時，聲音之速度

C = 331 + 0.6×(25+273) = 346 (m/s)，溫度越高，音速就越大。

二、聲音傳遞形式

1. 對傳遞介質產生的一種壓力波動稱之為聲音，當介質受到一連串擾動而傳遞聲波（能量的傳遞），以固定的速度傳送至人的聽覺器官，產生聽覺。介質內之質點僅負責能量的傳遞，質點並不隨著聲波傳播方向前進，而僅做上下（橫波）或左右（縱波或疏密波）振盪。

2. 音波亦屬一種縱波，其振動方向與聲音傳遞方向平行。音波可以用壓力(pressure)及強度(intensity)來計量。聲波在空氣中的傳遞速度為音速(C)，與聲音的波長(λ)、週期(T)及頻率(f)的關係為：$f = \dfrac{1}{T} = \dfrac{C}{\lambda}$

   上式中　λ：波長(m)；T：週期(sec)；f：頻率(Hz)

三、聲音的遮蔽效應

聲音可聽見之臨界值（閾值），由於其他聲音之存在而必提高分貝數，才能到達可聽見閾值之現象，稱為遮蔽效應(Masking Effect)。兩聲音差超過 10 分貝，低噪音之聲響將被高噪音聲響所遮蔽，例如：90 分貝疾駛而過之火車，會遮蔽 65 分貝兩者互相交談之聲音。聲音是否被遮

蔽取決於兩聲音間之頻率與振幅，噪音的音量越小時，其被遮蔽的頻率範圍就越小，但音量增大時，所被遮蔽的頻率範圍就越大。

四、聲音的加成作用

不同的音源有不同的聲音能量，這些能量具有加成的作用，而使總音量提高，因此二部相同機型的機械同時操作時，測量到的音量值會較單獨乙部機械的音量值高。

五、聲音的指標

聲音具有音色、音品與音量等三項指標特性，說明如下。

（一）音色

音色又稱音質，透過音色，人的耳朵可以輕易的辨別出動物叫聲與機械聲音的差別。

（二）音頻

聲音頻率的分布情形，如機械產生的噪音，有的較低沉，有的則是較高頻率的聲音。正常人耳可聽之頻率範圍為 20~20,000 Hz（赫茲；sec/次），當聲音超過 20,000 Hz 時則稱為超高頻音，反之，低於 20 Hz 稱為超低頻音，如地震波。各音頻分類如圖 1-1 所示。

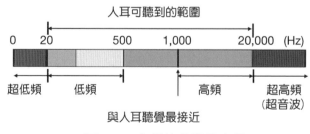

▲ 圖 1-1　音頻的分類示意圖

通常人耳對中頻音 1,000 Hz 之聲音最敏感，因此以 1,000 Hz 所發出之聲音大小與人耳實際聽到之聲音最接近。而高頻音比低頻音相對敏感（敏感度：中頻音＞高頻音＞低頻音），因此，以 4,000 Hz 之頻率當作聽力損失指標，評估工作者在作業環境中所受之噪音傷害程度。

長波長（低頻）的聲波較不易受障礙物所影響，而短波長（高頻）的聲波較易受障礙物的影響。因此，在噪音控制工程上常利用障礙物來阻絕短波長的噪音。

（三）音量

音量為聲音的大小，說明如後。

第二節 聲音的量化

一、音壓

聲音在介質傳遞時，對介質產生壓力變化，此種由音波造成的壓力變化以音壓(Sound Pressure)表示，單位為帕斯卡(Pascal)，記為 Pa。1Pa 相當於每平方公尺承受 1 牛頓的作用力，即 $1Pa=1N/m^2$。正常人耳能察覺音波的壓力範圍是 20uPa~200Pa，依此，將人耳所能察覺的最小音壓 20uPa（20 微巴斯卡；$20×10^{-6}$ Pa），稱為基準音壓，以P_0表示，作為衡量其他聲音大小的比較標準。在噪音學上一般常以音壓均方根值(Root Mean Square；P_{rms})來代表實效音壓(Effective Sound Pressure)，而以實效音壓來表示音波的強弱。

二、音功率

音源單位時間內所放出之能量，稱為音功率(sound power)，單位為瓦特(Watt)，以 W 表示，1W 的定義是 1 焦耳／秒，亦即每秒轉換、使用或耗散 1 焦耳的速率。若音功率越大，則代表音量越大。

三、音強度

音場中單位面積上的聲音功率，稱為音強度(sound intensity)，也稱作聲強或聲強度，以 I 表示，其單位為瓦特／平方米(W/m²)，音強具方向性，其大小決定於發音體振動的振幅。振幅越大，音強越強。

四、音強度與音壓

音強度與音壓均方根值的平方成正比，與傳遞介質的密度(ρ)及聲音在介質內之速度(C)成反比，其關係式如下所示：

$$I = \frac{P_{rms}^2}{\rho \times C} = \frac{P_{rms}^2}{400} \left(於\ 0°C時\right)$$

$$\rho：為空氣密度 \left(1.2\frac{kg}{m^3}\right)$$

$$C：為音速(0°C時為\ 334\frac{m}{sec})$$

五、音強度與音功率

音場功率為 W 之點音源，其距離音源 r 處表面積為 A 的音強度 I 間之關係：

$$I = \frac{W}{A}$$

（一）自由音場（球型波）

音源可自由向四周傳遞，完全為介質所吸收而沒有反射回音的音場，例如懸在半空中之音源。

$$I = \frac{W}{A} = \frac{W}{4\pi r^2}$$

（二）半自由音場（半球型波）

音場因有反射地面，而使音之傳遞受到限制，只有一半之面積，猶如音源於地面上。例如放置於地面空壓機之操作噪音。

$$I = \frac{W}{A} = \frac{W}{2\pi r^2}$$

例題 1

有一點音源的音功率為 100 瓦特，於自由音場中，距離音源 10 公尺處的音強度為多少？

▶▶ 解答

$$I = \frac{W}{4\pi r^2} = \frac{100}{4\pi 10^2} = 0.08\ (W/m^2)$$

六、聲音的量化單位

1. 正常人耳能察覺音波的壓力範圍是 20uPa~200Pa，大小相差 1000 萬倍，範圍甚廣，不方便以音波壓力來表示。

2. 聲音是一種能量，因此，可用聲音壓力（巴斯卡；Pascal；Nt/m^2）、聲音功率（瓦特；Watt /sec）及聲音強度(W/m^2)三種方式表達。

3. 由於上述三種方式使用上不方便且不易為一般大眾所了解，因此將所測得之音量(Q)除以基準值或稱最小值（Q$_0$），再將其值採以對數計算量化，但由於數值較小，故放大 10 倍，為易懂的分貝(dB)單位，量化後之數值一律稱之為分貝，數值落在 0~140 分貝(dB)間，便於表達與認知。

4. 噪音與振動的物理量，均以分貝方式表示。

$$dB = 10 \log_{10} \frac{Q}{Q_0}$$

5. 聲音功率、聲音強度及聲音壓力透過分貝公式轉換後之聲音量則分別稱為聲音功率位準(L_w)、聲音強度位準(L_I)及聲音壓力位準(L_p)。三種量化方式說明如後。

七、聲音功率位準

聲音功率位準簡稱音功位準(Sound Power Level, L_w)：

1. $L_W = 10 \times Log \frac{W}{W_0} = 10 \times Log \frac{W}{10^{-12}}$

2. W_0：基準音功率；10^{-12} W，相當於人耳所查覺之最小聲音功率。

例題 2

某作業場所屬半自由音場有一穩定性點噪音源。該場所音源發出之功率為 0.1 W。請問該音源之音功率為多少分貝？（衛生管理師）

▶▶▶ 解答

$$L_w = 10 \times \log \frac{W}{W_0} = 10 \times \log \frac{10^{-1}}{10^{-12}} = 110 \text{ (dB)}$$

八、聲音強度位準

聲音強度位準又稱為音強位準(Sound Intensity Level, L_I)

1. $L_I = 10 \times Log \frac{I}{I_0} = 10 \times Log \frac{I}{10^{-12}}$。

2. L_0：基準音強為 10^{-12} (W/m^2)，相當於人耳所察覺之最小聲音功率除以單位面積(m^2)。

例題 3

(1) 有一聲音音強度為 0.02W/m^2，求其音強位準為多少分貝？

(2) 若聲音強度加倍時，其音壓級將增加多少分貝？

(3) 若聲音強度每加 10 倍時，其音壓級將增加多少分貝？

▶▶ 解答

(1) $L_I = 10 \times \text{Log}\dfrac{I}{I_0} = 10 \times \text{Log}\dfrac{0.02}{10^{-12}}$

　　$= 10\log 2 + 10\log 10^{10} = 103\,(\text{dB})$

(2) $\Delta L_I = 10 \times \text{Log}\dfrac{2I}{I} = 10 \times \text{Log}2 \cong 3\,(\text{dB})$

(3) $\Delta L_I = 10 \times \text{Log}\dfrac{10I}{I} = 10 \times \text{Log}10 = 10\,(\text{dB})$

九、聲音壓力位準

聲音壓力位準又稱為音壓位準(Sound Pressure Level, L_p)：

1. $L_p = 10 \times \text{Log}\dfrac{P^2}{P_0{}^2} = 10 \times \text{Log}(\dfrac{P}{P_0})^2 = 20 \times \text{Log}\dfrac{P}{20 \times 10^{-6}}$

2. P_0：人耳所能察覺的音壓範圍為 20uPa~200Pa，最小音壓 20uPa 等於 20×10^{-6} (Pa)，相當於人耳所能察覺之最小聲音壓力。

　　$P = 20 \times 10^{-6}$ (Pa)，代入音壓位準公式，可轉換為 $L_P = 0$ (dB)

　　$P = 200$ (Pa)，代入音壓位準公式，可轉換為 $L_P = 140$ (dB)

例題 4

(1) 有音壓強度為 20 Pa 的聲音，求其音壓位準為多少分貝？

(2) 若聲音音壓強度加倍時，其音壓級將增加多少分貝？

(3) 若聲音音壓強度減半時，其音壓級將減少多少分貝？

▶▶ 解答

(1) $L_P = 20 \times Log\frac{P}{P_0} = 20 \times Log\frac{20}{20\times10^{-6}}$

$$= 20\log 10^6 = 120(dB)$$

(2) $\Delta L_P = 20 \times Log\frac{2P}{P} = 20 \times Log2 \cong 6\ (dB)$

(3) $\Delta L_P = 20 \times Log\frac{P/2}{P} = -20 \times Log2 \cong -6\ (dB)$

例題 5

　　抽風機運轉所發出噪音之音壓級為 100 分貝，當裝設消音器後，其音壓級降為 90 dB，求：

(1) 消音器裝設前後之聲音壓力各為多少？

(2) 音器裝設後，其聲音壓力較裝設前減少多少％？（職業衛生技師）

▶▶ 解答

(1) $L_P = 100 = 20 \times Log\frac{P_B}{P_0} = 20 \times Log\frac{P_B}{20\times10^{-6}}$

$5 = Log\frac{P_B}{2\times10^{-5}}$; $10^5 = \frac{P_B}{2\times10^{-5}}$

裝設消音器前 $P_B(Before) = 2\ (Pa)$

$90 = 20 \times Log\frac{P_A}{2\times10^{-5}}$

$4.5 = Log\frac{P_A}{2\times10^{-5}}$; $10^{4.5} = \frac{P_A}{2\times10^{-5}}$

$$P_A = 2 \times 10^{-0.5} = 0.63$$

裝設消音器後　$P_A(After) = 0.63\ (Pa)$

(2) 消音器裝設後，減少多少％？

$$\Delta = \frac{P_B - P_A}{P_B} = \frac{2 - 0.63}{2} = 0.685 = 68.5\%$$

十、音強位準、音壓位準與音功位準

1. 音強位準(L_I)與音壓位準 (L_p)之關係

$$L_I = 10 \times \text{Log}\frac{I}{I_0} = 10 \times \text{Log}\frac{\frac{P^2}{\rho C}}{\frac{P_0^2}{\rho_0 C_0}}$$

$$= 10 \times \text{Log}\frac{P^2}{P_0^2} + 10 \times \text{Log}\frac{\rho_0 C_0}{\rho C}$$

$$= L_p + 10 \times \text{Log}\frac{400}{412}$$

$$= L_p - 0.13 \cong L_p$$

故正常溫度下，音強位準(L_I) $\cong$ 音壓位準(L_p)

註：0℃，1atm 下 $\rho_0 C_0$ 之值為 400；20℃，1atm 下 ρC 之值為 412

2. 音功位準(L_w)與 音壓位準(L_p)之關係

(1) 自由音場（球型波）

距離輸出功率為 W 之音源 r(m)處的音強度：

$$I = \frac{W}{A} = \frac{W}{4\pi r^2} \ ;$$

$$W = 4\pi r^2 \times I$$

兩邊同除音功基準值；10^{-12}

$$\frac{W}{10^{-12}} = 4\pi r^2 \times \frac{I}{10^{-12}}$$

透過分貝公式轉換

$$10 \log \frac{W}{10^{-12}} = 10\log 4\pi + 10 \log r^2 + 10\log \frac{I}{10^{-12}}$$

$$L_W = 11 + 20 \log r + L_I$$

$$L_I = L_W - 20 \log r - 11$$

$$L_I \cong L_p = L_W - 20 \log r - 11$$

$$L_p = L_W - 20 \log r - 11$$

(2) 半自由音場（半球型波）

$$I = \frac{W}{A} = \frac{W}{2\pi r^2} \; ; \; W = 2\pi r^2 \times I$$

兩邊同除音功基準值；10^{-12}

$$\frac{W}{10^{-12}} = 2\pi r^2 \times \frac{I}{10^{-12}}$$

$$10 \log \frac{W}{10^{-12}} = 10 \log 2\pi + 10 \log r^2 + 10\log \frac{I}{10^{-12}}$$

$$L_W = 8 + 20 \log r + L_I$$

$$L_I = L_W - 20 \log r - 8$$

$$L_I \cong L_p = L_W - 20 \log r - 8$$

$$L_p = L_W - 20 \log r - 8$$

例題 6

壓縮機均勻地發射出音功率級為 120 分貝之噪音,請計算 5 m、20 m 處之音強度級?

▶▶ 解答

於自由音場下

(1) r=5m ; $L_W = 120 = 11 + 20 \log 5 + L_I$

$\qquad\qquad L_I = 95(\text{dB})$

(2) r=20m ; $L_W = 120 = 11 + 20 \log 20 + L_I$

$\qquad\qquad L_I = 83(\text{dB})$

第三節 噪音的評估

一、音壓級之相加

設有 L_1,L_2,…………L_n 等不同音壓級聲音同時出現於同一音場中,則其合成音壓級總音量 L_t 可由計算法與估算法求得。

(一)計算公式法

$$L_t = 10 \log(10^{\frac{L_1}{10}} + 10^{\frac{L_2}{10}} + \cdots\cdots + 10^{\frac{L_n}{10}})$$

若 n 個相同音壓級聲音同時出現於同一音場中時

$$L_t = 10 \log(n \times 10^{\frac{L}{10}}) = 10 \log(10^{\frac{L}{10}} \times n) = L_P + 10 \log n$$

(二)估算法

由於音壓級是聲音能量的對數值,無法直接算術相加。若有兩音源同時發出音壓級 L_1 及 L_2,假設 $L_1 \geq L_2$,其合成總音量 L_t 為:

$$L_t = L_1 + 修正值$$

兩音壓差值$L_1 - L_2$	0~1	2~4	5~9	10 以上
修正值加至較大值 做為總音量(dB)	3	2	1	0

例題 7

某作業環境有三部機器，當機器同時運轉時，其音壓級分別為 87 dB、89 dB、87 dB，求總音量為多少分貝？

▶▶ 解答

(1) 計算公式法

$$L_t = 10\log(10^{\frac{87}{10}} + 10^{\frac{89}{10}} + 10^{\frac{87}{10}}) = 92.5 \cong 93 \text{ (dB)}$$

(2) 估算法

87	87	89	說明
90 (87+3)		89	87-87 相差為 0，修正值為 3 加到兩數之最大值 87 後為 90(dB)
93 (90+3)			90-89 相差為 1，修正值為 3 加到兩數之最大值 90 後為 93(dB)

二、音壓級之相減

音壓級相減常用於背景噪音之扣除。機器運轉加上背景噪音 (Background noise)之總音壓級為L_t，背景音壓級為L_b，$L_t \geq L_b$，機器單獨運轉之音壓級$L_p = L_t - L_b$ 估算如下所示：

（一）計算公式法

$$L_P = 10 \log(10^{\frac{L_t}{10}} - 10^{\frac{L_b}{10}})$$

L_t：合成之音壓級 ； L_b：背景音壓級

L_P：機械單獨運轉之音壓級

（二）估算法

兩音壓級 L_t 及 L_b，且 $L_t \geq L_b$

兩音壓差值 $L_t - L_b$	3	4,5	6~9	10
L_t 減去對應減值以估算 L_P 值(dB)	3	2	1	0

例題 8

已知某工作場所的背景音壓級為 90 dB，某機械在工作運轉時，測得音壓級為 95 dB，求該機械單獨運轉的音壓級為多少？

▶▶ 解答

(1) 計算公式法

$$L_P = 10 \log(10^{\frac{L_t}{10}} - 10^{\frac{L_b}{10}})$$

$$L_P = 10 \log(10^{\frac{95}{10}} - 10^{\frac{90}{10}}) \cong 93(dB)$$

(2) 估算法

兩音壓差值 $L_t - L_b$=95−90=5；5 所對應減值為 2

機器單純運轉的音壓級 $L_P = L_t -$ 對應減值 $= 95 - 2 = 93$(dB)

三、音壓級之平均值

當有 n 個聲音(L_1，L_2，……L_n)時，其音壓級平均值估算如下：

（一）計算公式法

$$L_{avg} = 10\log(\frac{10^{\frac{L_1}{10}}+10^{\frac{L_2}{10}}\cdots\cdots+10^{\frac{L_n}{10}}}{n})$$

$$= 10\log(10^{\frac{L_1}{10}} + 10^{\frac{L_2}{10}}\cdots\cdots+10^{\frac{L_n}{10}}) - 10\log n$$

$$= L_t - 10\log n$$

（二）估算法

$L_{max}-L_{min} < 5$	$L_{max}-L_{min} = 5\sim10$	$L_{max}-L_{min} >10$
音壓級之平均值為所有音壓級之算術平均值	音壓級之平均值為所有音壓級之算術平均值+1	使用公式法

註：L_{max} = n 個音壓級中最大者；L_{min} = n 個音壓級中最小者

例題 9

某作業場所有三台機器，機器之噪音量分別為 82、78 與 80 分貝，若同時開動，所測得之噪音平均值為何？

▶▶ **解答**

(1) 計算公式法

$$L_{avg} = 10\log(10^{\frac{L_1}{10}} + 10^{\frac{L_2}{10}}\cdots\cdots+10^{\frac{L_n}{10}}) - 10\log n$$

$$= L_t - 10\log n$$

L_t 估算

78	80	82	說明
82 (80+2)		82	80-78 相差為 2，修正值為 2 加到兩數之最大值 80 後為 82(dB)
85 (82+3)			82-82 相差為 0，修正值為 3 加到兩數之最大值 82 後為 85(dB)

$$L_{avg} = L_t - 10 \log n = 85 - 10\log 3 = 80.2 \cong 80 \text{(dB)}$$

(2) 估算法

$L_{max} = 82$ ；

$L_{min} = 78$ ；

$L_{max} - L_{min} = 4 < 5$

音壓級之平均值約為所有音壓級之算術平均值

$$L_{avg} = \frac{78+80+82}{3} = 80 \text{ (dB)}$$

四、均能音量

均能音量(L_{eq}) 為考慮時間變動下，聲音能量之平均值

$$L_{eq} = 10 \times Log\left(\frac{1}{T}\int_0^T 10^{\frac{L_P(t)}{10}} dt\right)$$

$$L_{eq} = 10 \times Log\left(\frac{t_1}{T} \times 10^{\frac{L_1}{10}} + \frac{t_2}{T} \times 10^{\frac{L_2}{10}} + \frac{t_3}{T} \times 10^{\frac{L_3}{10}} + \ldots\ldots\right)$$

L_{eq}：均能音量

T：產生音壓級之總時間

t_n：表示音壓級 L_n 所延續的時間

例題 10

　　某作業場所有三台機器，噪音量分別為 82、78 與 80 分貝，若依序各別操作（非同時），對應時間為 2、3 及 4 小時，請問其均能音量（噪音）為多少？

▶▶ 解答

$$L_{eq} = 10 \times Log\left(\frac{t_1}{T} \times 10^{\frac{L_1}{10}} + \frac{t_2}{T} \times 10^{\frac{L_2}{10}} + \frac{t_3}{T} \times 10^{\frac{L_3}{10}} + \cdots\cdots\right)$$

$$L_{eq} = 10 \times Log\left(\frac{2}{9} \times 10^{\frac{82}{10}} + \frac{3}{9} \times 10^{\frac{78}{10}} + \frac{4}{9} \times 10^{\frac{80}{10}}\right)$$

$$= 80.03 \cong 80(\text{dB})$$

第四節　聲音的傳遞

一、音源之型態

（一）點音源(Point source)

　　音源的本體為單一的設備，音源發出的聲音呈放射狀，向四面八方傳遞，稱為點音源，如抽水馬達、喇叭、上課之麥克風等。

（二）線音源(Linear noise)

　　音源成一直線連續時，稱為線音源，一般穩定而持續之交通噪音皆可視為線音源，例如：高速公路連續車流產生的噪音。

（三）面音源(Plane noise)

指音源體型龐大，音源的直徑大於與受音者距離之音源，例如超大型冷卻水塔，其音源屬於面音源。

二、聲音傳遞

（一）反射作用

聲音直線前進時如遇到障礙物時就會產生反射的現象，而反射量依障礙物的材質、表面積密度等因素而異。若音波遇到堅厚的實心牆時，反射量會較中空牆大，反射後的音波仍直線前進；若遇到玻璃纖維板時幾乎被吸收而不反射。

（二）折射作用

1. 聲音在不同介質中傳遞，因速度不同而使傳播方向發生偏折的現象，稱為折射。

2. 同一介質中也會因溫度不同或風速之變化，使物理特性改變而影響波速，因而產生折射現象。

3. 折射現象會讓聲波偏向氣溫較低的方向。在日間，地面被太陽照射，靠近地面的空氣較上層熱，聲波會被折射向上空。相反在夜間時分，接近地面的空氣較冷，聲波便會被折射向地面。

4. 折射現象會讓聲波偏向聲速較低的方向。當聲波順風傳播時，離地面較高的聲波速度較地面快，聲波由風速較高的高處向聲速較慢的地面折射，所以會傳得較遠；相反的，在逆風時，聲波的前進方向與風速相反，聲速會被風速減弱，造成上層的聲速較下層慢，聲波便會被向上折射，遠處的人便較難接收到聲音，如圖 1-2 所示。

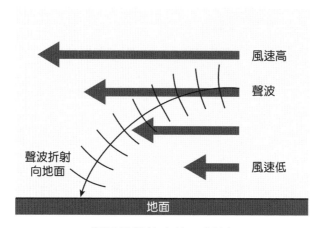

順風時聲波向地面折射

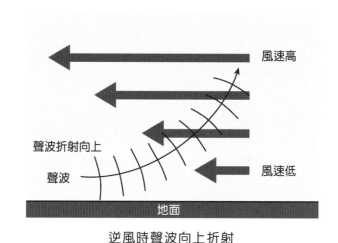

逆風時聲波向上折射

▲ 圖 1-2　聲音傳遞因順逆風產生折射現象的差異

（三）繞射作用

1. 當障礙物寬度或牆上小孔孔徑小於聲波波長時，聲波會將障礙物頂端或孔後形成一音量較小的音源，繼續向四面八方傳播，因而在障礙物後之區域仍可以聽到聲音，此種現象稱為聲音的繞射。如圖 1-3 所示。

2. 當聲音波長越大時，繞射現象越明顯，因此，低頻音聲音較不易被阻絕。相反的，高頻音因波長較小，不易繞射，所以易遭阻絕。

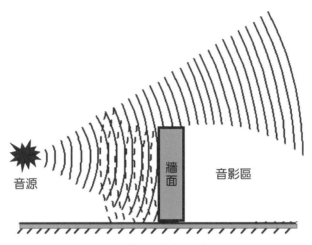

▲ 圖 1-3　聲音繞射現象示意圖

（四）聲音的衰減

聲音在空氣中傳播的過程，會因能量的消散而衰減，衰減的方式有二種，一種是音波在空氣中或地表面附近傳播時，因空氣的黏性、熱傳導及地表面的吸音性等而被吸收的衰減。另一種常被討論的是遠離音源時，音波能量擴散而產生的距離衰減。聲音在自由音場不同距離端之聲音變化說明如下：

1. **點音源**

距音源r_1、r_2（設$r_2 > r_1$）位置的音壓級分別表為

$$L_1 = L_W - 20 \log r_1 - 11$$
$$L_2 = L_W - 20 \log r_2 - 11$$

兩式相減可得

$$L_1 - L_2 = 20 \log \frac{r_2}{r_1}$$

當

$r_2 = 2r_1$時，$L_1 - L_2 = 20 \log 2 \cong 6 \; (dB)$

亦即距離每增加一倍，音壓級衰減 6 分貝。如圖 1-4 所示。

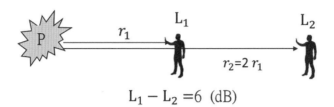

$$L_1 - L_2 = 6 \; (dB)$$

▲ 圖 1-4　點音源距離倍增時音壓級衰減 6 dB

例題 11

　　某工廠內所安裝之機器，距離 10 公尺處之噪音為 100 分貝，試問距離 100 公尺處之噪音值？

▶▶ 解答

點音源：$\Delta L = 20 \times Log \frac{r_2}{r_1} = 20 \times Log \frac{100}{10} = 20(dB)$

距離 100m 處之噪音值等於 $100 - 20 = 80$ (dB)

例題 12

　　作業環境中，在一點音源距離 8 公尺處測得音壓級 85 dB。請問距離 80 公尺處之音壓級為多少？

▶▶ 解答

$$L_1 - L_2 = 20 \log \frac{r_2}{r_1}$$

$$85 - L_2 = 20 \log \frac{80}{8}$$

$$L_2 = 85 - 20 = 65 \text{ (dB)}$$

---

2. 線音源

距離線音源為 r 處之音強度 I 與音功率 W 之關係為

$$I = \frac{W}{S} = \frac{W}{2\pi r}$$

$$W = 2\pi r I$$

兩邊同除以基準音強10^{-12} (W/m^2)

$$\frac{W}{10^{-12}} = \frac{2\pi r I}{10^{-12}}$$

分貝公式量化轉換

$$10\log \frac{W}{10^{-12}} = 10 \log 2\pi + 10 \log r + 10 \log \frac{I}{10^{-12}}$$

$$L_W = 8 + 10 \log r + L_I$$

$$L_I \cong L_P = L_W - 10 \log r - 8$$

距離音源r_1、r_2（設$r_2 > r_1$）位置的音壓級分別表為

$$L_1 = L_W - 10 \log r_1 - 8$$

$$L_2 = L_W - 10 \log r_2 - 8$$

兩式相減 $L_1 - L_2$ 可得

$$L_1 - L_2 = 10 \log \frac{r_2}{r_1}$$

當 $r_2 = 2r_1$ 時，$L_1 - L_2 = 10 \log 2 = 3 \ (dB)$

亦即線音源距離每增加一倍，音壓級衰減 3 分貝。如圖 1-5 所示。

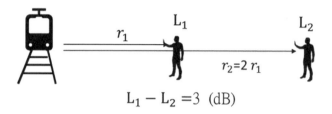

$$L_1 - L_2 = 3 \ (dB)$$

▲ 圖 1-5　線音源距離倍增時音壓級衰減 3 dB

例題 13

　　於車流不斷之高速公路旁，距離 10 公尺處之噪音為 100 分貝，試問距離 100 公尺處之噪音值為多少？

▶▶ 解答

$$\Delta L = L_1 - L_2 = 10 \log \frac{r_2}{r_1} = 10 \log \frac{100}{10} = 10 \ (dB)$$

距離 100m 處之噪音值為 $100 - 10 = 90 \ (dB)$

三、封閉空間音場現象

　　由於聲音反射，當測點距音源太近或太遠（近反射體）皆會有反射作用。聲音在封閉的房間內，其音場依距離可分區為近音場、自由音場及反射音場等三個區域，如圖 1-6 所示。

（一）音場(Sound field)

彈性介質含有因振動產生音波影響之區域，如空氣等。

（二）近音場(Near field)

位於噪音源與遠音場間之音場，由於接近音源較近，受音源的其他物理因素（如壓力、位移、振動）影響，造成該區域音場的音壓級有增強的現象。

（三）自由音場(Free field)

在一均勻之介質中，聲音經傳播出去之後，即形同被吸收，沒有回音之音場；亦即無近音場及反射音場之各種干擾因素的音場。

（四）半自由音場室(Semi-anechoic room)

在自由音場內有一反射面，其表面吸收所有之入射音能，稱之半自由音場室。

（五）反射音場(Reverberant field)

是指聲音傳至接近反射體處，因反射作用造成聲音能量重疊效果而使音壓級增強的音場。

（六）遠音場(Far field)

自由音場與反射音場統稱為遠音場，又稱為聲音的輻射音場，具有自點音源距離加倍時噪音量減少 6 分貝之音場特性。通常在音源四周最大邊的 4 倍距離以上才會形成遠音場。

（七）回響音場(Diffuse field)

聲音經傳播後，完全反射而不被吸收之音場，稱為回響音場。

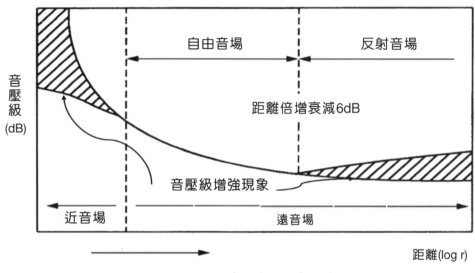

▲ 圖 1-6　封閉空間音場現象示意圖

第五節　噪音的種類

依所在環境可分為作業環境噪音與生活環境噪音。

一、作業環境噪音

作業環境噪音都是由於動力能量在輸送的過程中能量損失所造成的。一般作業環境噪音源，主要可分為氣動源與振動源二大類：

1.　氣動源：如風扇、排氣機等因氣體擾動而產生之噪音。

2.　振動源：如電動鎚、沖床、鑿岩機等因振動引起之噪音。

作業場所中的噪音，常由許多噪音源共同造成的，例如營建工程噪音，其音源種類因不同的工程階段（如拆除工程、混凝土工程等）而有所不同，其噪音來源主要為機械運轉、物體碰撞或衝擊音等。

二、生活環境噪音

生活環境噪音主要受環保署噪音管制法所規範，其噪音源主要可分為交通噪音、營建噪音、商業活動噪音及日常生活噪音，說明如下：

（一）交通噪音

1. 航空噪音：航空噪音的主要特性在起飛與降落時音量最大，影響範圍廣。

2. 道路噪音：道路上行駛車輛所造成之噪音，可分為行駛車輛所造成之動力音及輪胎摩擦音、車體振動所造成之行駛音兩種。

（二）營建噪音

整地、挖運、基礎、建造、裝修等營建工程所產生的噪音。

（三）商業活動噪音

因為商業活動所產生的噪音。

（四）日常生活噪音

在日常生活中所產生的噪音。

三、噪音的特性

噪音依音量對時間之變化可分為連續性噪音(continuous noise)與衝擊性噪音(impulsive noise)，兩次噪音的衝擊間隔小於 0.5 秒時，即為連續性噪音，又可分為穩定性噪音(steady noise)與變動性噪音(fluctuating noise)。

（一）穩定性噪音

暴露時間內之噪音值不變或變動程度不大，如圖 1-7 所示，例如冷壓機、風扇作動時之聲音。

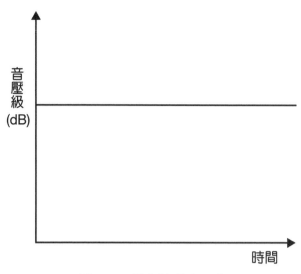

▲ 圖 1-7　穩定性噪音示意圖

（二）變動性噪音

　　暴露時間內之噪音值呈不規則之變動，又可分為週期性變動及非週期性變動噪音，如圖 1-8 所示，例如道路交通噪音。

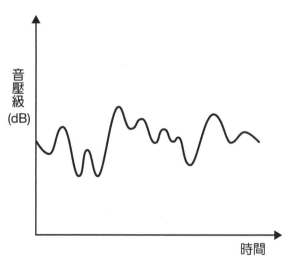

▲ 圖 1-8　變動性噪音示意圖

（三）衝擊性噪音

衝擊性噪音示意與特性說明如圖 1-9 與圖 1-10 所示，衝擊性噪音特性條列如下：

1. 噪音從發生到達到最大振幅所需要的時間小於 0.035 秒。

2. 由最大音波峰值往下降低 30 dB 所需要的時間在 0.5 秒以內。

3. 兩次衝擊間的間隔不得小於 1 秒鐘。

4. 音壓尖峰值法規規定不得大於 140 分貝。

5. 衝擊性噪音如衝床作業、營建工程打地樁工程等。

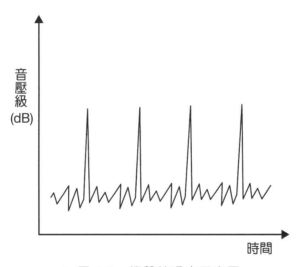

▲ 圖 1-9　衝擊性噪音示意圖

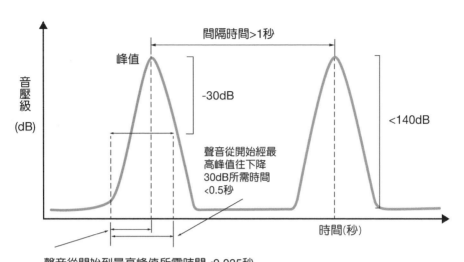

聲音從開始到最高峰值所需時間<0.035秒

▲ 圖 1-10　衝擊性噪音特性示意圖

考題解析

一、單選題

（1）1. 人體暴露於全身振動時，傳至人體之振動可能與身體不同之部位產生共振現象，使人頭痛、頭暈、噁心、嘔吐、感覺不舒服等暈車症狀，其中頭部之自然頻率為多少 Hz？ (1)4.5~9 (2)45~90 (3)450~900 (4)4500~9000 Hz （乙職題庫）

（2）2. 正常人耳可聽之頻率範圍為(Hz)？ (1)50~1000 (2)20~20000 (3)1000~2000 (4)2000~20000 （乙職題庫）

（1）3. 頻率之倒數為？ (1)週期 (2)速度 (3)波長 (4)溫度 （乙級物性環測）

（1）4. 人耳對多少 Hz 之聲音最敏感？ (1)1000 (2)5000 (3)10000 (4)40000 （乙職題庫）

（2）5. 表示噪音音壓級之單位為下列何者？ (1)赫茲(Hz) (2)分貝(dB) (3)每秒米(m/s) (4)公分(cm) （乙職）

（2）6. 基準音壓(reference sound pressure)為正常年輕人耳朵所能聽到的最微小聲音，其值為下列何者？ (1)10 瓦特 (2)0.00002 pascal (3)10 瓦特／平方公尺 (4)2 pascal （衛生管理師題庫）

（4）7. 一般說話聲音大小約為多少分貝？ (1)20 (2)30 (3)40 (4)60 （乙職題庫）

（1）8. 正常人耳朵對頻率為 1000 赫的聲音可聽到的最小音壓是多少分貝？ (1)0 (2)30 (3)60 (4)90 （衛生管理師）

（2）9. 所謂遮蔽效應為兩聲音超過多少分貝時，低噪音之聲響將被高噪音聲響所遮蔽？ (1)5 (2)10 (3)15 (4)20 （衛生管理師題庫）

（2）10. 一聲音是否遮蔽另一聲音決定於兩聲音間之何者與振幅？ (1)傳音介質 (2)頻率 (3)音速 (4)距離 （乙職題庫）

（2）11. 評估勞工 8 小時日時量平均音壓級時，依職業安全衛生設施規則規定應將多少分貝以上之噪音納入計算？ (1)75 (2)80 (3)85 (4)90 （衛生管理師題庫）

（3）12. 某工廠內所安裝之機器，其一部機器之噪音量為 85 分貝，若安裝二部相同之機器並同時開動，所測得噪音音壓級為何？ (1)85 (2)86 (3)88 (4)170 （衛生管理師題庫）

（1）13. 工廠機器運轉時測得噪音為 90 dB，機器停止運轉時背景噪音為 85 dB，則機器噪音為多少 dB？ (1)88 (2)87 (3)86 (4)85 （乙職題庫）

    ▲ 說明：

    兩音壓差值 $L_t - L_b = 90 - 85 = 5$；5 所對應減值為 2

    機器單純運轉的音壓級 $L_p = L_t -$ 對應值 $= 90 - 2 = 88 (dB)$

（4）14. 若音壓減半，則音壓級將減少多少分貝？ (1)3 (2)4 (3)5 (4)6 （衛生管理師題庫）

（3）15. 工作場所測得之噪音為 93 分貝，如果將音源關掉時測得的背景噪音為 90 分貝，則音源噪音為多少分貝？ (1)3 (2)30 (3)90 (4)93 （衛生管理師題庫）

（4）16. 音源直徑大於與受音距離之噪音源稱為？ (1)點音源 (2)線音源 (3)擴音源 (4)面音源 （乙級物性環測）

（3）17. 空氣中因物體振動而產生者為下列何種波？ (1)空氣密波 (2)空氣疏波 (3)空氣疏密波 (4)空氣橫波 （衛生管理師題庫）

（1）18. 音速在空氣中與在固體中何者速率較快？ (1)後者快 (2)前者快 (3)相同 (4)不能比較 （甲級物性環測）

（4）19. 噪音音壓級不隨時間改變者為？ (1)背景噪音 (2)變動性噪音 (3)衝擊性噪音 (4)穩定性噪音 （甲級物性環測）

（4）20. 依職業安全衛生設施規則規定，勞工暴露衝擊性噪音峰值不得超過多少分貝？ (1)85 (2)90 (3)115 (4)140 （衛生管理師題庫）

（3）21. 依職業安全衛生設施規則規定，噪音超過多少分貝之工作場所，應標示並公告噪音危害之預防事項，使勞工周知？ (1)80 (2)85 (3)90 (4)95 （乙職題庫）

（1）22. 以 C 代表音速，f 代表頻率，λ 代表波長，下列敘述何者正確？ (1)C＝λ×f (2)λ＝C×f (3)f＝C×λ (4)3 者彼此之間無關係 （乙職）

（3）23. 距某機械 4 公尺處測得噪音為 90 分貝，若另有一噪音量相同之機械併置一起，於原測量處測量噪音量約為多少分貝？ (1)90 (2)92 (3)93 (4)180 （甲種業務主管）

（1）24. 距離點音源 7 公尺處測得音壓級為 85 dB，則距離該點音源 70 公尺處之音壓級為多少分貝？ (1)65 (2)75 (3)70 (4)60 （甲級物性環測）

▲ 說明

自由音場中的點音源 $L_I \cong L_P = L_W - 20\log r_1 - 11$

當音源距離由 7→70

$L_1 - L_2 = 20\log\dfrac{r_2}{r_1}$

$= 20\log\dfrac{70}{7} = 20\log 10 = 20(\text{dB})$

$85 - 20 = 65$

（1）25. 與噪音源之距離每增加 1 倍時，其噪音音壓級衰減多少分貝？ (1)3 (2)6 (3)9 (4)12 （衛生管理師）

（4）26. 通常在音源四周最大邊的幾倍距離以上才會形成遠音場？

(1)1　(2)2　(3)3　(4)4　　　　　　　　　　　（衛生管理師題庫）

（3）27. 在自由音場某一音功率級為 117 分貝之點音源，距離 20 公尺處測得之音壓級為多少分貝？　(1)60　(2)70　(3)80　(4)90

（衛生管理師題庫）

▲ 說明

自由音場中的點音源：$L_I \cong L_P = L_W - 20\log r - 11$

距離 20 公尺處之音壓級 $L_P = 117 - 20\log 20 - 11$

$= 117 - 26 - 11 = 80$

（1）28. 某工廠內所安裝之機器，機器之噪音量為 90 分貝，距離 10 公尺處之噪音為何？（假設為自由音場）　(1)59　(2)69　(3)79　(4)80　　　　　　　　　　　　　　　　　（衛生管理師題庫）

▲ 說明

自由音場中的點音源：$L_I \cong L_P = L_W - 20\log r - 11$

距離 20 公尺處之音壓級 $L_P = 90 - 20\log 10 - 11$

$= 90 - 20 - 11 = 59$

（4）29. 某工廠內所安裝之機器，距離 20 公尺處之噪音為 90 分貝，試問距離 200 公尺處之噪音值？　(1)30　(2)50　(3)60　(4)70

（衛生管理師題庫）

▲ 說明

$L_1 - L_2 = 20\log\dfrac{r_2}{r_1} = 20\log\dfrac{200}{20} = 20\log 10 = 20(\text{dB})$

$90 - 20 = 70(\text{dB})$

二、複選題

（2.4）1. 下列有關聲波傳送特質之描述何者正確？　(1)聲音在空氣中傳送速度比在固體中為快　(2)高頻音為每秒鐘聲音振動次數

　　較多　　(3)聲音衰減值不會受溫、濕度影響　　(4)通常高頻音是指聲音頻率在 1,000 赫(Hz)以上 （甲級物性環測）

三、計算與問答題

 範例一

　　何謂低頻噪音？常見的低頻噪音產生源包括那些設備？民眾若暴露於低頻噪音，可能造成那些影響？一般而言，為何年長者對於低頻噪音的感受較年輕者為顯著？要如何有效控制低頻噪音？（環保行政高考）

▶▶ 解答

1. 低頻噪音為頻率範圍 20~200 Hz 的聲音，但通常指頻率在 40~60 Hz 範圍，常見的噪音源來自工業製造之轉動及往復式設備居多，常見的如水泵浦、風機、空調系統、發電機、變電器及鍋爐；一般家用電器噪音源如：冰箱、洗衣機等，其他像道路行駛之車輛、捷運系統軌道等。

2. 低頻噪音對人體會產生壓迫感，使人情緒緊張、暴躁不安，甚至導致頭痛、失眠、神經衰弱、憂鬱症等問題。

3. 低頻噪音對年長者影響較大的主要原因為人耳聽力會隨年齡增加而衰退，但並不是全頻帶完全一樣，通常在中、高頻部分衰退程度會較低頻來得大，因此年長者對於低頻噪音的感受較年輕者為顯著。

4. 主動式噪音控制原理為使用一個或多個麥克風接收外界噪音，以數位訊號處理之方式分析其噪音聲波特性，並利用揚聲器（喇叭）產生和噪音聲波相位相反之訊號，藉此與原來的噪音相互抵消，以降低人耳所聽到之噪音量。

範例二

若聲音壓力加倍時，試問噪音會增加多少分貝？工廠內安裝三台相同功率之機器，每台機器單獨運轉時，產生 90 dB，當三台同時運轉時，試問會產生多少綜合噪音量？（職業衛生技師）

▶▶ 解答

1. $L_{2P} - L_p = 20\log\frac{2p}{P} = 20\log 2 \cong 6 \text{ (dB)}$

2. $L_p = 10\log(10^{\frac{90}{10}} \times 3)$

   $= 10\log 10^{\frac{90}{10}} + 10\log 3$

   $= 90 + 4.771 \cong 95 \text{(dB)}$

範例三

一空氣壓縮機械在廠房角落之地面運轉中，甲勞工作業位置距離音源（空壓機）為 8 m，今在距離機械音源 3 m 處量測其音量為 99.7 dBA，則：

（一）甲勞工位置之音量為多少分貝？

（二）請以聲音傳播路徑之工程改善及勞工個人防護具選擇，說明噪音危害之防止對策。（職業衛生技師）

▶▶ 解答

（一）甲勞工位置音量

$L_{P1} - L_{P2} = 20\log\frac{r2}{r1}$

$99.7 - L_{P2} = 20\log\frac{8}{3} = 20 \times 0.4259$

$\qquad\qquad = 8.5$

$L_{P2} = 99.7 - 8.5 = 91.2 \text{ (dBA)}$

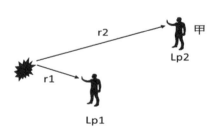

（二）噪音危害防止對策

1. 傳播路徑方面：擴大音源與接受者之距離、對天花板、牆、地板等加以吸音、遮音處理、設計隔音牆等。

2. 勞工個人防護具選擇：根據噪音特性及勞工操作狀況慎選耳塞或耳罩、考慮減音效果及勞工佩戴舒適度、教導勞工正確佩戴耳塞或耳罩等防音防護具。

 範例四

一個設置於地面上之音源體、長×寬×高為 5 m × 3m × 2 m（下圖中實線）；若在此音源體 1 m 外之假想體(7 m × 5 m × 3 m)進行音壓級(sound pressure level；L_p)量測（下圖中虛線）。已知北向的假想矩形平面之音壓級(L_p)為 100 dB，南向為 93 dB，東向為 88 dB，西向為 95 dB，而頂向為 90 dB：

（一）請問此音源體之總音功率級(sound power level；L_w)為何？

（二）承（一），若在點音源與半自由場之前提下，距離此音源假想體 10 m 外之噪音音壓級(L_p)為何？（職業衛生管理師）

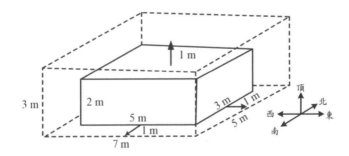

▶▶ 解答

（一）

音場種類	面積 A	$L_P = L_W - 10\log A$
自由音場	$4\pi r^2$	$L_I \cong L_p = L_W - 10\log 4\pi r^2$
		$L_I \cong L_P = L_W - 20\log r - 11$
半自由音場	$2\pi r^2$	$L_I \cong L_P = L_W - 10\log 2\pi r^2$
		$L_I \cong L_P = L_W - 20\log r - 8$
線音源	$2\pi r$	$L_P = L_W - 10\log 2\pi r$
		$L_I \cong L_P = L_W - 10\log r - 8$

音源體之總音壓級

$$L_P = 10\log(10^{\frac{100}{10}} + 10^{\frac{93}{10}} + 10^{\frac{88}{10}} + 10^{\frac{95}{10}} + 10^{\frac{90}{10}}) = 102.25 \text{ (dB)}$$

置於地面上之音源體為半自由音場

$$L_I \cong L_P = L_W - 10\log 2\pi r^2$$

$$L_P = L_W - 20\log r - 8$$

$$102.5 = L_W - 20\log 1 - 8$$

音源體之總音功率級 $L_W = 102.25 + 8 = 110.25 \cong 110$ (dB)

（二）點音源與半自由場之前提下，距離此音源假想體 10 m 外之噪音音壓級 L_P

$$L_P = L_W - 20\log r - 8$$

$$L_P = 110.25 - 20\log 10 - 8$$

$$L_P = 80.25 \cong 80 \text{ (dB)}$$

範例五

有台機器於距離員工 4 公尺(Meter, m)操作時測得噪音 55 dB，現在因製程要求需數台機器一起操作。請問：

（提示：點音源於自由音場中）

（一）在白天時最多可操作多少台，員工噪音暴露才不會大於 65 dB？

（二）該工廠最近的鄰居距離 20 m，在夜間時可操作幾台才不會超過 55 dB？（職業衛生技師）

▶▶ 解答

（一）設有 n 個相同音壓級聲音機械同時出現於同一音場中操作，

$$L_t = 10 \log(10^{\frac{L_1}{10}} + 10^{\frac{L_2}{10}} + \cdots\cdots + 10^{\frac{L_n}{10}})$$

$$L_t = 10 \log(n \times 10^{\frac{L}{10}}) = L_P + 10 \log n$$

$$65 = 10 \log N + 55$$

$$10 = 10 \log N \; ; \; N = 10$$

白天時最多可操作 10 台，員工噪音暴露才不會大於 65 dB。

（二）點音源與自由場之前提下，距離此音源鄰居 20 m 外之噪音音壓級 L_p 應小於 55 dB

1. 55 dB 時之音功級 L_W

$$L_P = L_W - 10 \log 4\pi r^2 = L_W - 20 \log r - 11$$

$$55 = L_W - 20 \log 4 - 11$$

$$L_W = 55 + 20 \log 4 + 11 = 78.03$$

2. 距離 20m 之 L_P

$$L_P = L_W - 10\log 4\pi r^2$$

$$L_P = 78.03 - 10\log(4\pi \times 20^2) = 41.02$$

3. $L_t = 10\log N + L_P$

$$55 = 10\log N + 41.02$$

$$10\log N = 13.98$$

$$N = 10^{1.398} \cong 25(台)$$

範例六

　　聲音具有直線前進的現象，除非遇到障礙物，否則不會改變它傳播的方向。因此，請申論影響聲音傳遞的折射作用及繞射作用。（職業衛生技師）

▶▶ 解答

　　參考課本內容

CHAPTER 02

噪音危害分析

第一節 聽力的認知

一、聽力閾值

通常人耳能感受的振動頻率在 20~20,000 Hz 之間，對於其中每一種頻率，都有一個能引起聽覺的最小振動強度，稱為聽閾。

聽力閾值亦指人耳可聽見聲音的最小值，聽力閾值提高即所謂聽力損失，亦即人耳可聽見聲音的最小值之敏感度降低。

聽力正常者的聽閾一般小於 25 分貝，聽力損失者的聽閾則高於 25 分貝。例如，某噪音工作場所的年輕作業人員，於工作時經常得不到任何回應，甚至有時很大的聲音也無法引起他的注意。檢查報告顯示出其聽力全頻率段的下降，屬於中重度感音神經性聽力下降，部分高頻率段已呈重度聽力損失，雖然該作業人員年齡只有 30 歲，但聽力猶如 70~80 歲的年長者，全頻率段的平均聽閾約 60~70 分貝，代表聽力明顯受損。

二、聽力的形成

聲波藉著空氣的振動，由外耳道傳到耳膜，引起耳膜振動後，經由錘骨、砧骨及鐙骨等三塊聽小骨的補償作用，再傳至內耳耳蝸，耳蝸內的基底膜上的柯氏體(organ of corti)有上萬個聽覺毛細胞，毛細胞受刺激後由神經傳入大腦，而使人聽到聲音。人耳的構造與功能如表 2-1 與圖 2-1 所示。

★ 表 2-1　人耳的構造與功能

外耳	・ 主要功能是聲音的收集。 ・ 辨別聲音方向的來源。
中耳 （鼓室）	・ 主要功能是聲音的傳導與放大。 ・ 中耳收集內含錘骨、砧骨及鐙骨三塊聽小骨，將鼓膜振動由聽小骨傳達至內耳，且使振幅減小而振動力增強。若遇強大振福噪音時，會使鼓膜穿孔，造成聽損。
內耳	・ 主要功能是將聲音轉變為神經脈動，透過聽覺神經傳至大腦的聽覺中樞產生聽覺。 ・ 內耳包括耳蝸、前庭和半規管。前庭和半規管的功能在維持身體平衡；耳蝸內的基底膜有柯氏體，內含有毛細胞(hair cell)，毛細胞表面有纖毛，可將聲音傳至大腦，因此柯氏體內之毛細胞即為聽覺之接受器。 ・ 柯氏體或毛細胞受損或退化會引起聽力損失。

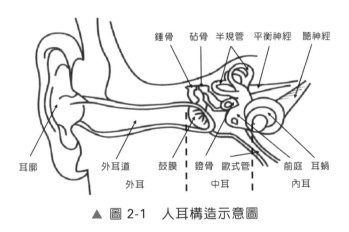

▲ 圖 2-1　人耳構造示意圖

三、響度與響度級

（一）響度(loudness)

響度又稱音量，是人聽力量度聲音大小的量，符號為 N。

1. 響度單位為 Sone（嗓），1000 Hz 音壓位準 40 分貝音調的響度定義為 1 Sone。

2. 相同音量而不同頻率的兩個聲音，其響度不同，人耳聽起來感覺聲音大小亦不同。

（二）響度級(loudness level)

1. 聽力閾值會隨頻率而變，即兩個不同頻率的純音雖具有同樣的音壓級，但人耳的聽覺感度不同，亦即響度不同。

2. 通常人耳對低頻音感知能力較低，對中高頻感受力較高，故考慮人耳特性，藉由響度級對於音壓級之物理量予以修正，以對數尺度表示的響度級，符號為 LN，單位為嗦(phon)。

3. 聲音之響度級以純音 1,000 Hz 為參考值，調整純音之頻率與音壓級，令聽力正常的人兩耳聽起來感覺聲音之大小與 1,000 Hz 純音的參考值相同；亦即 1,000 Hz 響度級與音壓級相同，例如 40 嗦(phon) 響度級等於 40 dB 音壓級。

（三）響度與響度級

響度(N)與響度級(L_N)間之換算公式

$$N = 2^{\frac{L_N - 40}{10}}$$

$$\log N = \frac{L_N - 40}{10} \times \log 2$$

$$10 \frac{\log N}{\log 2} = L_N - 40$$

$$L_N = 40 + 33.3 \log N$$

　　由公式可知，響度增加較快，響度級在 40 唪以上，每增加 10 唪時，響度就加倍。亦即當聲音強度提高十倍時，人類的聽覺感知只提升兩倍。以 1000 Hz 的純音為例，音強、音強／音壓級和響度與響度級對應如表 2-2 所示。

★ 表 2-2　音強、音壓級和響度與響度級對應值

音強 (W/m²)	音強級／音壓級(dB)	響度級 (phon)	響度 (sone)
10^{-10}	20	20	0.25
10^{-9}	30	30	0.5
10^{-8}	40	40	1
10^{-7}	50	50	2
10^{-6}	60	60	4
10^{-5}	70	70	8
10^{-4}	80	80	16

四、等響度曲線

　　純音之響度、頻率與音壓級之關係形成等響度曲線如圖 2-2 所示。等響曲線的橫坐標為頻率，縱坐標為音壓級。在同一條曲線之上，所有頻率和聲壓的組合，都有一樣的響度，等響度曲線圖特性說明如下：

1. 同響度情況下：在自由音揚中，頻率越低時，音壓級要越高才能與高頻率具相等的響度級，亦即低頻要有較大音量對耳朵之感覺才能與高頻相同，例如低頻 100 Hz、60 dB 與高頻 1,000 Hz、50 dB 具同一響度級 50(phon)。

2. 同音壓級情況下：相同的音壓級，頻率不同，響度也不同。以音壓級 100(dB) 為例，當頻率 60(Hz)，響度級為 90(phon)；當頻率為 1000(Hz)時，響度級為 100(phon)。

3. 最下方的虛線曲線表示人類能聽到的最小聲音響度，即聽力閾值（聽閾）。

4. 等響度曲線在 4000 Hz 左右的頻率範圍時，較低的音壓級都能造成與較高音壓級相同的響度，代表聽覺對該段頻率(4000 Hz)的聲音最為敏感。

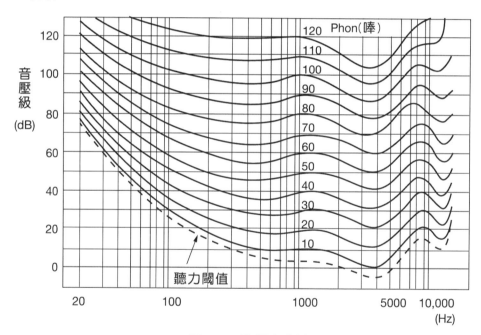

▲ 圖 2-2 等響度曲線

第二節　聽力的損失

聽力損失可分為感音性聽力損失(Sensorineural Hearing Loss)、傳音性聽力損失(Conductive Hearing Loss)及混合式聽覺障礙(Mixed Hearing Loss)，茲說明如下：

一、感音性聽力損失

過度或長期噪音的暴露及老化，導致毛細胞或柯氏器受損、退化，而造成聽力損失者，稱為感音性聽力損失，大致上可分為三大類：

（一）暫時性聽力損失(Temporary Threshold Shift, TTS)

暴露於噪音後，導致暫時性的聽力損失，此聽力損失現象經過一段時日休息後可自行復原者，稱為暫時性聽力損失或聽力疲勞，因毛細胞尚未退化。

（二）永久性聽力損失(Permanent Threshold Shift, PTS)

長時間連續暴露在 90 分貝以上之噪音中，噪音頻率在 1,000~4,000 Hz，最容易造成永久性聽力損失。亦即長期噪音暴露，導致永久性聽力閾值提高，雖經休息也無法復原者，稱為永久性聽力損失。

（三）老年性聽力損失(Presbycusis)

由於年歲之增長，生理自然老化所引起之聽力損失。

二、傳音性聽力損失

由於疾病或外傷導致聲音傳遞的管道中耳或外耳受傷，使得聲音無法有效傳達到內耳的聽覺接受器，所造成的聽力損失稱為傳音性聽力損失。其可能導致因素如表 2-3 所示。

★ 表 2-3　傳音性聽力損失原因可能導致因素

傳音性聽力損失原因	可能導致因素
1. 外耳道阻塞	耳垢、外物等
2. 歐氏管阻塞	感染、過敏等
3. 耳膜受損	感染、頭部受重擊等
4. 遺傳	小耳症等

三、混合式聽覺障礙

　　傳導性聽覺障礙與感音性聽覺障礙混合出現的結果，治療時著重在改善傳導部分的聽障。

四、聽力損失的影響因素

　　影響聽力損失的因素說明如下：

（一）噪音的大小

　　聽力損失與工作場所暴露之噪音頻率與音壓級有關。毛細胞中又以高頻率的受體最容易受到噪音的傷害，因人耳對低頻有保護機制，而高頻沒有，故高頻音較易導致聽力損失，因此，早期聽力損失為無法聽到輕柔高頻率的聲音為主。此外，聽力損失是漸進性的，一般早期噪音造成的聽力傷害，若沒有做聽力檢查往往不自覺，直到聽力喪失到無法與人溝通時已為時已晚。

（二）暴露時間的長短

　　在高噪音環境一段時間後，就有可能使內耳的毛細胞受損的暫時性聽力受損，若短暫暴露後，那麼聽力就可以恢復，但長時間的暴露，毛細胞便無法復原，造成永久性不可逆的聽力損失。

（三）噪音的頻率特性

人耳最易受噪音影響之頻率為 4,000 Hz 左右，以此頻率當作聽力損失指標，主要原因為外耳道的共振效應，所以人老化所致的聽力影響，以高頻音較顯著然後逐漸影響至語言之頻率範圍。

（四）個人的差異性

個人對噪音的感受性(susceptibility)不同，對聽力損失亦有主觀的差異性。

五、聽力損失測定

聽力測定的受測勞工需在噪音停止暴露大約 14 小時以後，才進入聽力測定室施行聽力測定，利用聽力測定器(audiometer)量測頻率分別為 500、1,000、2,000、4,000、6,000 及 8,000 Hz 等六個不同頻率下，耳朵對聲音的最小聽力，繪得聽力敏度圖(audiogram)，如圖 2-3 所示。

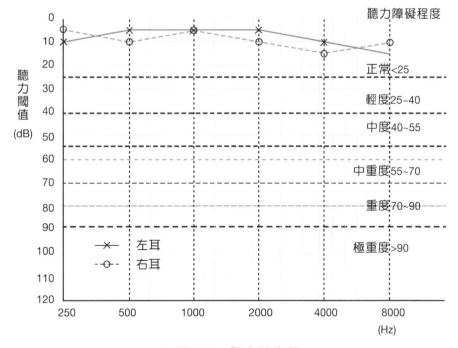

▲ 圖 2-3　聽力敏度圖

49

若在 4,000 Hz 有向下凹陷(4k-dip)出現，表示勞工有聽力損失問題（聽力閾值偏移）。

評估勞工是否已遭受噪音危害之聽力損失指標有四分法指標與六分法指標，由此兩種方法，所求得的聽力閾值，再對應表 2-4 可得聽力障礙程度與語言交談理解能力狀況，兩種指標方法茲說明如下：

（一）四分法指標

分別檢測 500 Hz、1000 Hz 及 2000 Hz 的聽力閾值，再代入四分法指標公式，作為一種以分貝為單位的聽力指標。

$$四分法指標 = \frac{(500Hz+2\times1000Hz+2000Hz)}{4}（聽力閾值；dB）$$

（二）六分法指標

分別檢測 500 Hz、1000 Hz、2000 Hz 及 4000 Hz 的聽力閾值，再代入六分法指標公式，作為一種以分貝為單位的聽力指標。

$$六分法指標 = \frac{(500Hz+2\times1000Hz+2\times2000Hz+4000Hz)}{4}（聽力閾值；dB）$$

★ 表 2-4　聽覺閾值對應聽力障礙程度與語言交談理解能力

聽力障礙程度	500、1000、2000Hz 平均聽覺閾值範圍	語言交談理解能力
正　常	<25 dB	輕聲交談亦無困難
輕　度	25~40 dB	輕聲交談有困難之範圍
中　度	40~55 dB	一般交談有困難之範圍
中重度	55~70 dB	大聲交談困難
重　度	70~90 dB	大聲交談困難，需助聽器輔助
極重度	>90 dB	聽器輔助交談仍困難之範圍

第三節　噪音的危害分析

噪音對作業人員健康上的危害可分為心理與生理兩大部分，進而影響到工作效能，茲分述如下：

一、心理上之危害

噪音會妨礙交談、影響睡眠、降低工作效率，對心理的影響包括：過敏、緊張、焦慮、煩燥、懼怕與神經質，同時工作效率會降低，更容易形成厭惡、生氣與易怒等心理作用。進而因心理作用影響導致生理功能失調的現象。

二、生理上的危害

（一）對聽覺之危害

接觸特別危害健康作業的高噪音時，會先出現耳鳴、聽力下降等問題，若時間不長，一旦離開噪音源後，聽力就能恢復正常，此種型態，稱為聽覺適應。如果接觸高噪音的時間較長（>5 小時），聽力下降比較明顯，離開噪音源後，仍需要幾小時，才能恢復正常，此種型態，則稱為聽覺疲勞或稱暫時性聽力損失。如果長時間處於高噪音之環境，則可能引起耳聾或永久性聽力損失。

（二）其他生理上之危害

噪音會對人體的神經系統、呼吸系統、循環系統、運動系統、消化系統、內分泌系統與生殖系統等生理系統造成影響，各系統的影響說明如表 2-5 所示。

★ 表 2-5　噪音對人體生理系統的影響

生理系統	影響
神經系統	・噪音使神經系統功能失調、大腦皮質興奮及抑制功能失去平衡，導致身體出現頭痛、頭暈、耳鳴、失眠、多夢記憶力減退及全身乏力等等「神經衰弱」症狀。 ・噪音損傷聽覺神經的同時，也會損傷部分視覺神經。例如在高分貝飛機引擎之作用下，視覺的暗光適應感度將會降低 15%~25%。
呼吸系統	噪音影響使呼吸不順暢
循環系統	・噪音使微血管收縮，減低血液中活性氧流通，造成精神緊張亢奮、情緒無法安定。 ・噪音使血壓升高及心跳加速使人動脈收縮、供血不足、出現血壓不穩、心律不整、心悸等症狀，甚至演變成冠心病，心絞痛、腦溢血及心肌梗塞等，增加猝死率。
運動系統	噪音影響產生四肢與脊柱的屈肌反射，噪音傷害性刺激會產生肢體回縮的原始保護性反射稱為屈肌反射。
消化系統	影響消化系統，容易得到胃潰瘍、腸胃不適、食慾不振及消化不良等症狀。
內分泌系統	噪音會使人腎上腺素分泌增加，以致容易驚慌、恐懼、易怒、焦躁，甚至演變成神經衰弱、憂鬱或精神分裂症。
生殖系統	・噪音會使婦女出現月經不規則、痛經等現象。 ・噪音會使孕婦導致子宮血管收縮，影響胎兒發育。使孕婦產生嘔吐、噁心、厭食、妊娠高血壓及產下低體重兒等危機，甚至造成流產、早產。

三、噪音對工作績效的影響

1. 噪音類型與噪音時間模式之間存在交互作用。噪音對工作績效的影響較複雜,與噪音本身特性、工作性質和任務類型等有關。例如某些記憶性的工作,噪音會影響其工作績效。

2. 由於噪音的遮蔽效應會導致語言交談溝通困難,或者干擾到與計量有關的工作因而降低工作績效。更可能由於噪音之遮蔽作用,因強大的噪音量使接收不到安全警告的信號未能採取防範措施,而導致意外災害之發生。

考題解析

一、單選題

（ 3 ）1. 就特定的強度而言，噪音在下列何頻率範圍內最容易成永久性聽力損失？　(1)3.75~500 Hz　(2) 800~1600 Hz　(3)1000~4000 Hz　(4)6000~8000 Hz　　　　　　　　　　　　（衛生管理師）

（ 2 ）2. 噪音引起之聽力損失，在聽力圖上最先顯示有聽力損失的頻率為下列何者？　(1)低頻部分(250~1000 Hz)　(2)高頻部分(3000~6000 Hz)　(3)高低頻同等分布(250~8000 Hz)　(4)超音波(20,000 Hz)以上　　　　　　　　　（衛生管理師題庫）

　▲ 說明：

　　噪音傷害在聽力圖上的表現通常為 3000 Hz 至 6000 Hz 處有聽力損失的現象，其主要原因為外耳道的共振效應。

（ 4 ）3. 職業性聽力損失中，下列何者頻率(Hz)的聽力損失最早出現？(1)8000Hz　(2)500 Hz　(3)1000 Hz　(4)4000 Hz （甲級物性環測）

（ 4 ）4. 一般而言，下列何種頻率(Hz)的感音性聽力損失最明顯？(1)500 Hz　(2)1000 Hz　(3)2000 Hz　(4)4000 Hz　（乙職題庫）

（ 3 ）5. 有關老化所致的聽力影響，下列敘述何者正確？　(1)低頻音較顯著　(2)中低頻音較顯著　(3)高頻音較顯著　(4)與頻率無關（衛生管理師題庫）

（ 3 ）6. 評估勞工在作業環境中所受到噪音之傷害程度，常以多少 Hz 之頻率當作聽力損失指標(ELI)？　(1)1000Hz　(2)2000 Hz　(3)4000 Hz　(4)10000 Hz　　　　　　　　　　（甲級物性環測）

（ 2 ）7. 下列何者與人耳聽力損失較無關？　(1)性別　(2)體重　(3)頻率　(4)音壓級　　　　　　　　　　　　　　　　（乙職題庫）

（3）8. 依據三分法，聽力損失之平均聽力介於 25~40 dB 者為何種障礙？　(1)極嚴重　(2)中等　(3)輕微　(4)嚴重　（甲級物性環測）

▲ 說明：聽力損失程度仍分可細分為六級：

正　　常	聽力損失小於 25 分員者
輕　　度	聽力損失介於 26～40 分員者
中　　度	聽力損失介於 41～55 分員者
中　重　度	聽力損失介於 56～70 分員者
重　　度	聽力損失介於 71～90 分員者
極　重　度	聽力損失大於 91 分員者

（4）9. 強大的衝擊性噪音或爆炸聲音造成鼓膜破裂，屬於下列何種聽力損失？　(1)永久性　(2)間歇性　(3)年老性　(4)傳音性

（衛生管理師題庫）

（3）10. 因疾病或外傷所引起之聽力損失稱之為？　(1)暫時性聽損　(2)永久性聽損　(3)傳音性聽損　(4)工業性聽損（衛生管理師題庫）

（4）11. 勞工左右兩耳聽力不同，建議應以那一耳先實施聽力監測？(1)左耳　(2)右耳　(3)聽力較差之耳朵　(4)聽力較佳之耳朵

（衛生管理師題庫）

（4）12. 接觸強噪音的時間較長，聽力下降則比較明顯，離開噪音源後，仍需要幾小時，才能恢復正常，此種型態聽力損傷稱之？(1)耳聾　(2)耳鳴　(3)聽覺適應　(4)聽覺疲勞　　（乙職題庫）

（3）13. 雇主僱用勞工從事噪音超過　(1)75　(2)80　(3)85　(4)90　分員以上之作業，應於其受僱時與每年定期實施特殊健康檢查

（乙職）

（3）14. 噪音超過　(1)75　(2)80　(3)85　(4)90　分員以上之作業，為特別危害健康作業　　　　　　　　　　　　　　（乙職）

（4）15. 噪音超過多少分貝 (1)75 (2)80 (3)85 (4)90 之工作場所，應標示並公告噪音危害之預防事項，使勞工周知 （乙職）

（4）16. 下列何者為響度(loudness)單位？ (1)dB (2)Phon (3)Pa (4)Sone （甲級物性環測）

（2）17. 下列何者為響度級(loudness level)之單位？ (1)Pa (2)Phon (3)Sone (4)dB （衛生管理師題庫）

（4）18. 當響度(loudness)加倍時，一般人耳感覺聲音大增加多少倍？ (1)4 (2)2 (3)3 (4)1 （甲級物性環測）

（2）19. 頻率 1000 Hz 的音壓級為 40 dB，則在此時聲音的響度級 (loudness level)為多少唪(phon)？ (1)50 (2)40 (3)30 (4)20 （甲級物性環測）

（2）20. A 權衡電網曲線大約相當於多少 phon？ (1)20 (2)40 (3)70 (4)100 之等響度曲線 （乙級物性環測）

二、複選題

（2.4） 1. 下列何者屬於中耳部位？ (1)前庭階 (2)砧骨 (3)耳咽管 (4)鐙骨 （甲級物性環測）

三、問答與計算題

 範例一

勞工若長期暴露於職場噪音與振動危害，可影響人體健康。請分別就噪音與振動兩項危害，各列舉 3 項健康影響並說明之。（職業衛生管理師）

▶▶ 解答

（一）噪音對人體健康危害：

1. 聽力的危害

   長期或過度噪音暴露，導致毛細胞或柯氏體受損退化引起聽力損失，造成感音性聽力損失。

2. 生理之危害

   噪音起身體其他器官或系統的失調或異常，可能造成心跳加快、血壓升高，增加心臟血管疾病發生率。

3. 心理之危害

   噪音引起內分泌失調，進而引起情緒緊張、煩躁、注意力不集中等症狀。

（二）振動對人體健康危害：

1. 末梢循環機能障礙

   手部皮膚溫下降、經冷刺激後的皮膚溫不易恢復，引致手指血管痙攣、手指指尖或全部手指發白造成白指症。

2. 中樞及末梢神經機能障礙

   中樞神經機能異常會造成失眠、易怒或不安及末梢神經傳導速度減慢，末梢感覺神經機能障礙會造成手指麻木或刺痛，嚴重時導致手指協調及靈巧度喪失、笨拙而無法從事複雜的工作。

3. 肌肉骨骼障礙

   長期使用重量大且高振動量的手工具如鏈鋸、砸道機等，可能引起手臂骨骼及關節韌帶的病變，導致手的握力、捏力及輕敲能力逐漸降低。

範例二

試回答下列問題：

（一）列舉噪音引起之聽力損失種類並說明其意義。

（二）造成聽力損失嚴重程度的因素有那些？

（三）試就環境管理方面及作業管理方面，說明噪音危害控制的方法。
（職業衛生管理師）

▶▶ 解答

（一）噪音引起之聽力損失種類及意義說明如下：

　　1. 暫時性聽力損失(Temporary Threshold Shift, TTS)
　　　暴露於噪音後，導致暫時性的聽力損失，此聽力損失現象經過一段時日休息後可自行復原者，稱為暫時性聽力損失或聽力疲勞，因毛細胞尚未退化。

　　2. 永久性聽力損失(Permanent Threshold Shift, PTS)
　　　長時間連續暴露在 90 分貝以上之噪音中，噪音頻率在1,000~4,000 Hz，最容易成永久性聽力損失。亦即長期噪音暴露，導致永久性聽力閾值提高，且雖經休息也無法復原者，稱為永久性聽力損失。

（二）造成聽力損失嚴重程度的因素：

　　1. 噪音量之大小：一般噪音暴露音壓級越大，造成之聽力損失也越大。

　　2. 暴露時間的長短：噪音暴露時間越長，影響越大。

　　3. 噪音頻率的特性：一般頻率越高的噪音，危害性越大，尤其是在聽力損失指標 4000 Hz 之影響最大。

　　4. 個人差異性：由於個人性別、年齡等差異對於噪音的感受度不同，因此對相同噪音所引起的反應亦有所差別。

（三）噪音危害控制的方法：

1. 環境管理方面
   (1) 噪音源的減少：減少摩擦、振動與共振；汰換老舊設備、定期維護保養等。
   (2) 噪音傳播途徑的防制：設置吸音、遮音、消音等設施於傳播途徑減少噪音。

2. 作業管理
   (1) 實施作業環境監測。
   (2) 標示公告噪音危害預防事項。
   (3) 減少噪音暴露時間或採輪班工作。
   (4) 正確使用防音防護具。
   (5) 勞工健康教育與健康管理分級。

 範例三

噪音對作業人員的生理健康和工作績效會產生什麼樣的影響？請概略說明。（職業衛生技師）

▶▶ 解答

（一）對生理健康之影響：

1. 對聽覺之危害
   接觸特別危害健康作業的高噪音時，會先出現耳鳴、聽力下降等問題，若時間不長，一旦離開噪音源後，聽力就能恢復正常，此種型態稱為聽覺疲勞或稱暫時性聽力損失。如果長時間處於高噪音之環境，則可能引起耳聾或永久性聽力損失。

2. 其他生理上之危害
   噪音會對人體的神經系統、呼吸系統、循環系統、運動系統、消化系統、內分泌系統與生殖系統等生理系統造成影響，例如

常引起過敏、頭痛、疲勞、失眠、高血壓、胃或十二指腸潰瘍等狀況。導致情緒不穩、精神障礙等危害。

（二）噪音對工作績效的影響：

1. 噪音類型與噪音時間模式之間存在交互作用。噪音對工作績效的影響較複雜，與噪音本身特性、工作性質和任務類型等有關。例如某些記憶性的工作，噪音會影響其工作績效。

2. 由於噪音的遮蔽效應會導致語言交談溝通困難，或者干擾到與計量有關的工作因而降低工作績效。更可能由於噪音之遮蔽作用，因強大的噪音量使接收不到安全警告的信號未能採取防範措施，而導致意外災害之發生。

 範例四

請詳述噪音對人體產生的危害；職業安全衛生法令對噪音的管制規定及有效的防護措施。（職業衛生技師）

▶▶ 解答

（一）噪音對人體產生的危害參閱課本內容。

（二）雇主對於發生噪音之工作場所，相關法令規定如下：

依據《職業安全衛生設施規則》第 300 條

1. 勞工工作場所因機械設備所發生之聲音超過 90 分貝時，雇主應採取工程控制、減少勞工噪音暴露時間，使勞工噪音暴露工作日 8 小時日時量平均不超過下表之規定值或相當之劑量值。

2. 任何時間不得暴露於峰值超過 140 分貝之衝擊性噪音或 115 分貝之連續性噪音。

3. 對於勞工 8 小時日時量平均音壓級超過 85 分貝或暴露劑量超過 50%時，雇主應使勞工戴用有效之耳塞、耳罩等防音防護具。

4. 勞工工作暴露於二種以上之連續性或間歇性音壓級之噪音時，其暴露劑量之計算方法為：

$$\frac{\text{第一種噪音音壓級之暴露時間}}{\text{該噪音音壓級對應容許暴露時間}} + \frac{\text{第二種噪音音壓級之暴露時間}}{\text{該噪音音壓級對應容許暴露時間}} + \cdots => < 1$$

其和大於 1 時，即屬超出容許暴露劑量。

5. 測定勞工 8 小時日時量平均音壓級時，應將 80 分貝以上之噪音為適當。

6. 勞工暴露之噪音音壓級及其工作日容許暴露時間如下表：

工作日容許暴露時間（小時）	A 權噪音音壓級(dBA)
8	90
6	92
4	95
3	97
2	100
1	105
1/2	110
1/4	115

（三）有效的防護措施

1. 工作場所之傳動馬達、研磨機、空氣鑽等產生強烈噪音之機械，應予以隔離，並與一般工作場所分開為原則。

2. 發生強烈振動及噪音之機械應採消音、密閉、振動隔離或使用緩衝阻尼、慣性塊、吸音材料等，以降低噪音之發生。

3. 噪音超過 90 分貝之工作場所，應標示並公告噪音危害之預防事項，使勞工周知。

類題一

請說明噪音對人體可能造成的危害與其機制。（職業衛生技師）

▶▶ **解答**

參考範例四

 範例五

試說明職業噪音性聽力損失的原因。判斷職業性聽力損失時需考量那些重要因素？（職業衛生技師）

▶▶ **解答**

（一）職業噪音性聽力損失的原因為長期或過度噪音之暴露，導致毛細胞或柯氏體受損、退化而造成之聽力損失。永久性聽力損失無法復原。

（二）判斷職業性聽力損失時需考量的因素：

　　1. 噪音量之大小：一般噪音暴露音壓級越大，造成之聽力損失也越大。

　　2. 暴露時間的長短：噪音暴露時間越長，影響越大。

　　3. 噪音頻率的特性：人耳對低頻有保護機制而高頻沒有，故高頻音較易導致聽力損失，一般頻率越高的噪音，危害性越大，尤其是在聽力損失指標 4000 Hz 之影響最大。

　　4. 個人差異性：由於個人性別、年齡等差異對於噪音的感受度不同，因此對相同噪音所引起的反應亦有所差別。

CHAPTER 03

噪音的量測

第一節　頻譜分析

　　測定噪音特性，因無法對所有的頻率一一測定音壓級，故將頻率區分為數個頻帶予以量測，稱為頻譜分析。測定時，所劃分的頻率範圍稱為頻帶寬度。頻譜分析儀的特點，在於可同時將多頻信號以頻域的方式來呈現，以利辨識各不同頻率的功率，並顯示信號在頻域裡的特性。測定噪音特性時，常將聲音區分為數個頻帶予以測定分析，一般分得越細，測定越精確。常用之工具為頻譜分析儀如圖 3-1 所示。

▲ 圖 3-1　頻譜分析儀

　　一般噪音計所量測到的信號為全頻帶寬的單一數值，其中心頻率 fc，f_1 為下限頻率，f_2 為上限頻率。而 f_1 與 f_2 間的頻寬，即為濾波器之頻帶寬。常用頻譜分析為八音度頻帶頻譜分析儀與 1/3 八音度頻帶頻譜分析儀。

一、八音階頻帶頻譜分析儀

1. 上限頻率與下限頻率之頻率組合為兩倍關係：
   f_n（上限頻率）$= 2f_{n-1}$（下限頻率）。
   例如：16、31.5、63、125、250、500 Hz……

2. 正常人耳可聽範圍內，最低頻率與最高頻率間大約有 9 個八音符頻帶。

二、1/3 八音階頻帶頻譜分析儀

1. 1/3 八音階頻帶，上一個中心頻率為下一個之 $2^{1/3}$ 倍。

    $$f_n（上限頻率）= 2^{\frac{1}{3}}f_{n-1}（下限頻率）。$$

2. 正常人耳可聽範圍內，1/3 八音度頻帶約可分為 27 個頻帶，因八音度頻帶的每一頻帶可劃分為 3 個 1/3 八音度頻帶。

    例如：50、63、80、100 Hz……

3. 1/3 八音階頻帶之頻寬和耳朵對各不同頻率之敏感寬度相接近，常為國際標準組織所採用。

三、中心頻率（中央頻率）

1. 頻譜分析之組成除須滿足上述規範外，頻譜分析可以分解各單音之頻率，因此需滿足下列中心頻率(fc)之關係式：

    $$fc = \sqrt{f_1 \times f_2}$$

2. 在固定之頻寬中，例如 50~100 Hz，頻率數越多者，測值越接近真實噪音，因此八音階頻帶頻譜分析儀在使用上較方便，同時價格較便宜；而 1/3 八音階頻帶頻譜分析儀則較精確但較昂貴。八音階與 1/3 八音階頻帶頻譜分析如表 3-1 所示。

例題 I

　　八音幅頻帶頻譜中，已知中心頻率為 31.5 Hz，請問該頻帶的上下限頻率各為多少？

▶▶ 解答

　　$f_2（上限頻率）= 2f_1（下限頻率）$

中心頻率 $fc = 31.5 = \sqrt{f_1 \times f_2} = \sqrt{f_1 \times 2f_1} = \sqrt{2}f_1$

下限頻率 $f_1 = \frac{31.5}{\sqrt{2}} \cong 22\ (Hz)$ ；上限頻率 $f_2 = 2f_1 \cong 44(Hz)$

例題 2

八音幅頻帶頻譜中，已知上限頻率為 355 Hz，請問該頻帶的下限頻率及中心頻率各為多少？

▶▶ 解答

$f_2(上限頻率) = 2f_1(下限頻率) = 355$

下限頻率 $f_1 = \frac{355}{2} \cong 178\ (Hz)$

中心頻率 $fc = \sqrt{f_1 \times f_2} = \sqrt{355 \times 178} \cong 250(Hz)$

例題 3

在 1/3 八音幅頻帶頻譜中，已知其上限頻率為 70.8 Hz，請問該頻帶的下限頻率與中心頻率各為多少 Hz？

▶▶ 解答

1/3 八音幅頻帶頻譜 $f_2(上限頻率) = 2^{\frac{1}{3}}f_1(下限頻率) = 70.8$

下限頻率 $f_1 = \frac{70.8}{2^{\frac{1}{3}}} = 56.2(Hz)$

中心頻率 $fc = \sqrt{f_1 \times f_2} = \sqrt{70.8_1 \times 56.2} \cong 63\ (Hz)$

★ 表 3-1　八音階與帶 1/3 八音階頻帶頻譜分析

八音頻		中心頻率 (Hz) $fc = \sqrt{f_1 \times f_2}$	三分之一八音頻	
下限頻率 （Hz）	上限頻率 （Hz）		下限頻率 （Hz）	上限頻率 （Hz）
22	44	31.5	28.2	35.5
		40.0	35.5	44.7
		50.0	44.7	56.2
44	88	63.0	56.2	70.8
		80.0	70.8	89.0
		100.0	89.1	112.0
88	177	125.0	112.0	141.0
		160.0	141.0	178.0
		200.0	178.0	224.0
178	355	250.0	224.0	282.0
		315.0	282.0	355.0
		400.0	355.0	447.0
355	710	500.0	447.0	562.0
		630.0	562.0	708.0
		800.0	708.0	891.0
710	1,420	1,000.0	891.0	1,122.0
		1,250.0	1,122.0	1,413.0
		1,600.0	1,413.0	1,778.0
1,420	2,840	2,000.0	1,778.0	2,239.0
		2,500.0	2,239.0	2,818.0
		3,150.0	2,818.0	3,548.0
2,840	5,680	4,000.0	3,548.0	4,467.0
		5,000.0	4,467.0	5,623.0
		6,300.0	5,623.0	7,079.0
5,680	11,360	8,000.0	7,079.0	8,913.0
		10,000.0	8,913.0	11,220.0
		12,500.0	11,220.0	14,130.0
11,360	22,720	16,000.0	14,130.0	17,780.0
		20,000	17,780.0	22,390.0

四、白噪音

1. 人耳可聽的聲音頻率範圍(20 ~ 20,000 Hz)進行量測，在不同的頻率，都擁有相同的音功率（強度），亦即相同寬度的頻帶會出現平穩、均衡、功率一致性的狀態，稱為白噪音(white noise)。如圖 3-2 所示。

2. 因為白噪音頻譜中包含許多其他種類的噪音，就像白光一樣包含了其他頻譜的顏色，所以被稱為白噪音。相對的，其他不具有這一性質的噪音訊號則為有色噪音。

3. 日常生活中常聽到的，像是收音機的沙沙聲、風扇聲、吹風機的聲音等皆屬白噪音。

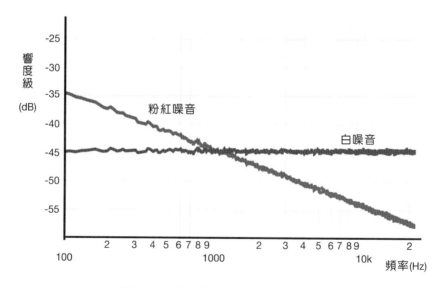

▲ 圖 3-2　白噪音與粉紅噪音的頻譜圖

五、粉紅噪音

1. 人耳可聽的聲音頻率範圍(20 ~ 20,000 Hz)進行量測，頻帶寬度不同，但在每一頻帶都具有相同的功率，亦即一連續噪音音譜，功率會從低頻到高頻不斷減少，稱之為粉紅噪音(pink noise)。如圖 3-2 所示。

2. 因為粉紅噪音的頻譜圖，低頻段強而高頻段弱，類似光譜中的粉紅色光譜，所以稱之為粉紅噪音。

3. 日常生活中常聽到的大自然的聲音，像是水流聲、海浪聲等皆屬粉紅噪音。

4. 粉紅噪音於每倍頻包含相同數量的聲能，與耳蝸的毛細胞分布相似，因為耳蝸每個八度音階包含大致相同數量的毛細胞，此特性與粉紅噪音相似。因此，在聽覺過敏治療中通常選用粉紅噪音，因為它在高頻時具有較低的能量，更接近於自然體驗的聲音。治療過程中對粉紅噪音的刺激性或痛苦性相對較小。

第二節　噪音計

　　噪音計(sound level meter)為藉由微音器將聲音轉變為電氣訊號處理的指示器。在量測噪音時一般所得到為聲音的音壓級(Sound Pressure Level, SPL)，測定之噪音藉由微音器變換為電壓信號，再經由前置放大器與衰減器調整後，透過權衡電網修正頻率特性，最後經整流器測得音壓均方根值，再顯示於儀錶上。常用噪音計。其作動流程如圖 3-3 所示。

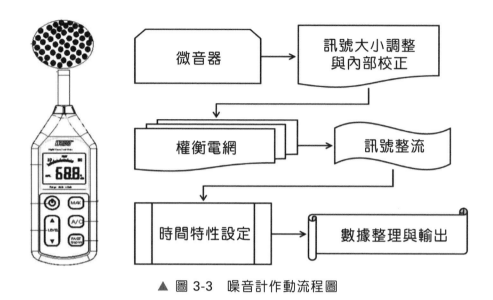

▲ 圖 3-3　噪音計作動流程圖

一、微音器

　　微音器（microphone／麥克風）是噪音計前端最重要的感測元件，主要功能是將音壓轉為電壓信號。微音器之回應，隨聲波入射於微音器的角度而改變，微音器的操作型式與種類說明如下：

（一）微音器的操作型式與特性

1.　垂直式微音器：音波入射的測定角度為音波前進方向與微音器中心軸的夾角，微音器內有偵測薄膜，當噪音音波到達微音器內的偵測薄膜時，其前進方向與薄膜垂直者稱為垂直入射，此時音波前進方向與微音器中心軸的夾角為 0°，此種微音器稱之為垂直式微音器。如圖 3-4 所示。在自由音場測定高頻噪音時，當以垂直型微音器測定入射噪音時，會有較高的回應特性。

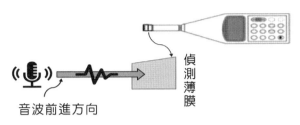

▲ 圖 3-4　垂直式微音器示意圖

2. 平行式微音器：當噪音音波到達微音器內的偵測薄膜時，其前進方向
與薄膜平行者稱為平行入射，此時音波前進方向與微音器中心軸的夾
角為 90°，此種微音器稱之為平行式微音器。如圖 3-5 所示。

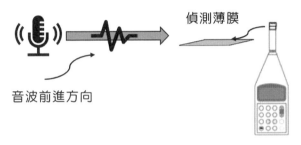

▲ 圖 3-5　平行式微音器示意圖

3. 無方向(random)式微音器：自由音場噪音測定時，音波前進方向與微
音器中心軸的夾角為 70~80°，亦即量測時會以 70~80° 對向音源傳播
的方向，如圖 3-6 所示，此種微音器稱之為無方向式微音器。

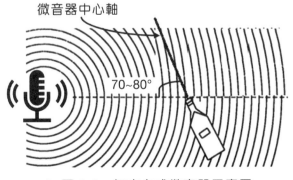

▲ 圖 3-6　無方向式微音器示意圖

4. 微音器之特性：一般言之，室外測定屬自由音場測定，宜適用國際電工委員會（International Electrotechnical Commission，簡稱 IEC）之規範採垂直入射型量測，而室內作業場所音場特性屬擴散音場，宜使用無方向性微音器。微音器之回應隨壓力、溫度與濕度而變，尤其以濕度影響最大。

（二）常用微音器之種類

1. 電容微音器(condenser microphone)：原理是將入射聲波轉為電容，聲波之音壓變化造成電容改變而產生正比於音壓之電訊。電容微音器之優點為穩定度及平滑廣泛的頻率回應優於其他微音器且易於校正，故廣為實驗室所採用。電容微音器之缺點為在高濕度下造成漏電而產生干擾噪音，甚至無法操作。

2. 電介體微音器(electret microphone)：電介體微音器原理上類似於電容微音器，但不需施加電壓，包含高分子薄膜，高分子薄膜內分子所含電荷稱為電介體(electret)，於背板上塗布一層金屬薄膜，電介體與背板造成電容。電介體微音器種類較多，適用於大多數噪音環境測定。

二、前置放大器

前置放大器接近微音器，主要目的是將微音器傳出的電能改變至可被量測的程度，將微音器傳出的高阻抗信號完整的轉成低阻抗輸出。前置放大器對 20~20,000Hz 的聲音均可放大。

三、權衡電網

因人耳對不同頻率的感受不同，故給予不同的加權，稱為權衡電網(Frequency Weighting Network)，其目的在使儀器顯示出的噪音量是與人耳對該聲音的感受是一致的，又稱為聽感補正電氣回路。因此，噪音計內部設有一頻率修正權衡電網（音波濾波器：Filter），因應各種情況以

修正不同頻率音壓級來達成上述功能。權衡電網分為 A、B、C、D、F
與 Z 等，權衡電網頻率與加權值關係如圖 3-7 所示。適用說明如表 3-2
所示。

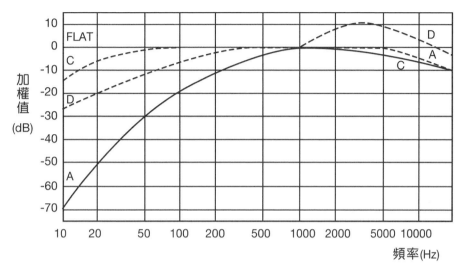

▲ 圖 3-7　權衡電網頻率與加權值關係圖

★ 表 3-2　權衡電網類別與適用說明

類別	適用說明
A	· A 權衡電網曲線很接近 40 唪(phon)等響度級曲線。 · A 權衡電網曲線對高頻率權重加強，對低頻權重降低，較接近於人對聲音的主觀感受，環境與職業安全衛生噪音測定上大都採用。 · 評估噪音對人之影響時大多採用 dB(A)，量出結果最能與人的聽感一致。
B	較少使用
C	· C 權衡電網曲線很接近 l00 唪(phon)等響度級曲線。C 權衡電網曲線大部分範圍均接近實際能量而修正較少。 · 常用於評估防音防護具之防音性能、工業機械器具與工程所發生之噪音的改善。 · 同噪音之 dB(C)與 dB(A)的值差異大時，表示該噪音屬低頻噪音。

★ 表 3-2　權衡電網類別與適用說明（續）

類別	適用說明
D	測量航空器的噪音使用。
F	精密噪音計量測音壓量用。噪音計回應(Response)特性稱為平坦(Flat)，噪音計指數讀數不隨頻率而改變。評估噪音之物理量以做為作業環境改善時使用。
Z	為噪音計電錶內部不經濾波處理的線性信號，適用輸出 AC 或 DC 信號做其他研究時用。

例題 4

頻譜分析器測得以下之數值(dB)：

頻率 Hz	31.5	63	125	250	500	1k	2k	4k	6k	8k
dBf 值	90	80	90	60	80	70	50	80	102	100

由上表提供求 A 權衡電網值(dBA)（職業衛生管理師）

▶▶ 解答

頻率 Hz	31.5	63	125	250	500	1k	2k	4k	6k	8k
dBf 值	90	80	90	60	80	70	50	80	102	100
修正 A 權衡	-39	-26	-16	-8	-3	0	1	1	0	0
修正後 dBA	51	54	75	52	77	70	51	81	102	100

A 權衡電網值(dBA)

(1) 公式法

$$L_T = 10\log(10^{\frac{51}{10}} + 10^{\frac{54}{10}} + 10^{\frac{75}{10}} + 10^{\frac{52}{10}} + 10^{\frac{77}{10}} + 10^{\frac{70}{10}} + 10^{\frac{51}{10}}$$

$$+ 10^{\frac{81}{10}} + 10^{\frac{102}{10}} + 10^{\frac{100}{10}})$$

$$= 104.16 \cong 104(\text{dBA})$$

(2) 估算法

L1-L2	0~1	2~4	5~9	10
加值	3	2	1	0

以聲音級合成估算表計算 A 權衡音壓級如下：

100−81=19（概算表加值為 0）即 100+0=100 (dB)

102−100=2（概算表加值為 2）即 102+2=104 (dB)

以估算表計算該場所之 A 權衡音壓級約為 104 (dB)

說明：

因 100 與 81 差距 19，加值為 0，故僅取 100 與 102 合成即可。

四、整流器

　　一般噪音訊號的音波能量並非以峰值或平均值表示，而是以均方根值(Root Mean Square，RMS)來表示音波能量的大小值表示。若設$P(t)$表任何瞬間音壓，則在 T 週期時間內的均方根音壓大小P_{rms}為

$$P_{rms} = \sqrt{\frac{(\int_0^T P(t)^2 dt)}{T}}$$

　　在單一正弦波的均方根值P_{rms}為峰值P_{peak}的 0.707 倍，當噪音信號經前置放大器增幅放大後，整流器將音波之信號轉變成均方根值(RMS)推動指針偏轉。

五、時間特性

　　噪音計的時間特性也就是對不同時段發生的信號給予不同的加權。對一個瞬時變化的噪音信號，以一個平均值代表該噪音值是最簡單的方

式，此平均值在噪音量測中是以上述均方根值(RMS)表示，但是如何在這顯著變化的信號中讀取數據則是噪音計的時間特性。噪音計電路與指示反應之速率說明如表 3-3 所示。

★ 表 3-3　噪音計時間特性與反應時間

噪音計時間特性	反應時間
慢(Slow；S)特性	換算為電氣回路的時間常數大約為 1 秒，可量測到穩定變動小的噪音
快(Fast；F)特性	換算為電氣回路的時間常數大約為 125 毫秒（0.125秒），可量測到變動性噪音
衝擊(Impulse；I)特性	換算為電氣回路的時間常數大約為 35 毫秒（0.035秒），可量測到衝擊性的噪音

六、噪音計校正

（一）內部校正

噪音計利用本身的振盪回路產生一標準訊號，以校正自微音器及前置放大器以後之電子回路的性能。

（二）外部校正

利用外部產生標準音源的音響校正器，產生已知頻率、音壓來校正整個噪音器的性能。噪音計外部校準使用之標準音源需大於環境背景噪音 10 dB。

七、噪音計類型

依據國際電子協會(International Electric Communication, IEC)噪音計可分為四型，如表 3-4 所示。我國國家標準(CNS)規格之規定，噪音計分為精密噪音計(CNS 7129)、普通噪音計(CNS 7127)及簡易噪音計(CNS 7128)三種。分別相當於 IEC 規定的 Type 1 型，Type 2 型，Type 3 型。

★ 表 3-4　噪音計型式與規格說明

型式	說明	主要頻率容許偏差範圍
Type 0	實驗室分析研究用	容許偏差 $\pm 0.4 dB_z$ 以下
Type 1	精密級噪音計，實驗室及工廠現場測定用，相當於我國國家標準 CNS7129	容許偏差為 $\pm 0.7 dB_z$
Type 2	普通型噪音計，工廠現場測量用，一般噪音量測，都要求噪音計等級至少要達 Type 2 型以上，相當於我國國家標準 CNS7127	容許偏差為 $\pm 1.0 dB_z$
Type 3	簡易型噪音計，用於初步調查評估，判斷是否超過限值，相當於我國國家標準 CNS7128	容許偏差為 $\pm 1.5 dB_z$

註：Z 加權為電錶內部不經濾波處理的線性信號，適用輸出 AC 或 DC 信號做其他研究用。

第三節　噪音劑量計

1. 作業場所本身的噪音量變動或是勞工在工作場所中移動，使勞工所接受的噪音量隨時都在變動，為評估此一變動噪音量對勞工聽力的傷害，因此需要使用噪音劑量計(noise dosemeter)。

2. 噪音劑量計的基本組成與噪音計組成相當類似，皆包括微音器、前置放大器、權衡電網、時間特性、整流器、數據處理與指示儀錶等功能。其主要特色在於數據的處理上，除將噪音之 A 權衡音壓級經一特殊設計的巨積電路予以累積並轉換為劑量外，另有峰值音壓級是否有超過法規限值的偵測記錄。

3. 噪音劑量計中有供暴露勞工戴用置於口袋內，以延長線將微音器夾在衣領或耳朵附近者（個人噪音劑量計）；也有將微音器置於噪音場所固定位置者（一般噪音劑量計）。通常在相同的音場中測定結果，前者會高於後者約 2 dB，其原因是個人噪音劑量計微音器接近勞工身體的反射，因為增加其音壓級值。

第四節　噪音量測

一、噪音量測步驟

1. 量測人員及現場量測區域應有維護安全之基本設備，如安全帽、反光背心（衣）、警戒線等。

2. 量測時間內量測地點須無雨且風速須在每秒 5 公尺以下，噪音計在風速 10 m/s 下使用時須加裝防風罩。

3. 量測環境噪音時，量測地點在室外者，距離任何反射物（如建築物）1~2 公尺，量測地點在室內者，將窗戶打開並距離窗戶 1.5 公尺；量測固定音源時，量測點離任何反射物（如建築物）1 公尺以上，微音器高度皆離地面 1.2~1.5 公尺。

4. 噪音計需外接電源時，需確認供應電源之電壓是否正確，如果噪音計使用電池亦先確認電池容量以免量測期間斷電。

5. 將噪音計架設於噪音計專用之三腳架上，確認噪音計穩固不會有傾斜（倒）之虞。將微音器（外加防風罩）朝向欲測發音源，且其垂直角度依發音源傳播方向而調整至最適合位置。

6. 量測前噪音計應依儀器原廠說明使用音壓校正器進行校正。

7. 針對各項不同音源量測地點、時間、動態特性與評估位準指標選用並量測。

8. 量測完畢後進行噪音計校正,校正結果應符合品質管制並且記錄;同時以需記錄量測期間氣象條件。

二、噪音量測意義方法

不同類型噪音量測意義與量測方法說明如表 3-5 所示。

三、影響噪音量測分析

(一)背景噪音之影響

所謂背景噪音係指特定音源之外的所有噪音,若特定音源音量高過背景音量 10 dB 以上,則背景噪音之影響可忽略不計。

(二)量測儀器之干擾

1. 噪音傳播會受到氣象條件、地形、地面情況等之影響。

2. 噪音計之聲音感應器直接受到強風時,因風切作用而產生雜音(稱為風雜音),會影響測量值。

3. 在機械類附近測量時可能會受到電場、磁場、振動、溫度、濕度、氣流、氣壓等影響。若聲音感應器使用延長線時,很容易受到電場及磁場之影響;上述之影響如果大時,聲音感應器、噪音計等測定器之電路、指示計等都會直接受到影響。

4. 聲音感應器或音源附近如有大型反射物時,測量時不僅有待測音源,亦有反射物之反射音加在一起,造成測量上之誤差。

★ 表 3-5　不同類型噪音量測意義與量測方法

類別	穩定性噪音	變動性噪音	衝擊性噪音
意義	暴露時間內噪音值隨時間不變或變動程度不大，例如單一抽風扇運轉噪音等。	暴露時間內噪音值隨時間呈現不規則變動，如工廠隨時間有不同台數的機械運作。	持續時間極短（1 秒以內）的噪音，如大型機械的裁切、打樁機打樁等。
量測方法	可以噪音劑量計測暴露劑量，亦可以噪音計測音壓級，先選擇測定位置並設定噪音計之功能鍵在 A 權衡及慢速回應特性，以某間隔取平均值。	可以噪音劑量計測暴露劑量，亦可以噪音計測音壓級，先選擇測定位置並設定噪音計之功能鍵在 A 權衡及慢速回應特性，依音量變動情形，分割成數個時間間段計算日時量平均音壓級。	以示波器繪製噪音的歷時分布圖並檢核衝擊性噪音是否符合定義。以具 PEAK 特性功能鍵的噪音計監測其音壓級，判斷是否超過 140dB。
注意事項	1. 噪音校正要正確。 2. 測量時噪音計要裝上防風罩、要佩戴耳塞、要指向噪音源。 3. 手拿噪音計時，繩子要穿過手腕，以防掉落。		

考題解析

一、單選題

（1）1. 噪音測定儀器上有 A.B.C.D 四個權衡電網供做選擇，若要評估噪音對人耳之危害，應使用何種權衡電網？ (1)A (2)B (3)C (4)D （乙職題庫）

（1）2. 評估勞工噪音暴露測定時，噪音計採用下列何種權衡電網？ (1)A (2)B (3)C (4)D （衛生管理師）

（4）3. 噪音儀器上有 A.B.D.F 四個權衡電網供做選擇，若要評估噪音之物理量以做為作業環境改善時，應使用何種權衡電網？ (1)A (2)B (3)D (4)F （乙職題庫）

（3）4. 對於防音防護具之性能應使用何種權衡電網測試？ (1)A (2)B (3)C (4)D （衛生管理師）

（1）5. 最接近人耳之真實感（與人體的感受最接近）應為下列何者權衡電網？ (1)A (2)B (3)C (4)F （甲種業務主管）

（3）6. A、B、C 及 F 權衡電網測定有相同測定結果為多少赫之純音？ (1)100 (2)500 (3)1000 (4)4000 （甲級物性環測）

（1）7. 在一均勻介質中，聲音經傳播出去後，即形同被吸收，不再有回音之場所為？ (1)自由音場 (2)半自由音場 (3)反射音場 (4)遠音場 （乙職題庫）

（3）8. 在自由音場(Free field)下，聲音強度與音壓的關係為下列何者？ (1)聲音強度與音壓成正比 (2)聲音強度與音壓成反比 (3)聲音強度與音壓平方成正比 (4)聲音強度與音壓平方成反比 （衛生管理師）

（2）9. 與噪音源（點音源）之距離每增加 1 倍時，其噪音音壓級衰減多少分貝？ (1)3 (2)6 (3)9 (4)12 （衛生管理師）

（2）10. 量測衝擊噪音時，噪音計使用何種時間特性(time constant)所量到的音壓級數據最大？ (1)慢速動特性(slow) (2)衝擊特性(impulse) (3)快速動特性(fast) (4)A 特性(A-weighting) （甲級物性環測）

（1）11. 使用電容微音器實施噪音監測，當聲波到達隔膜時，其進行方向與隔膜垂直者，噪音計之回應為 (1)垂直入射回應 (2)70° 入射回應 (3)擦磨入射回應 (4)散亂入射回應（甲級物性環測）

（3）12. 噪音監測靠近電氣設備，電磁場對監測結果影響以下列那一頻率較大？ (1)200 (2)500 (3)60 (4)1000 赫 （甲級物性環測）

（4）13. 正常人耳可聽範圍內，最低頻率與最高頻率間大約有幾個八音符頻帶？ (1)2 (2)4 (3)6 (4)10 （衛生管理師題庫）

（3）14. 噪音計快 (fast) 回應之時間常數為？ (1)0.0035 (2)0.035 (3)0.125 (4)1 秒 （甲級物性環測）

（2）15. 下列何者是儀表回應時間為 1 秒？ (1)快 (2)慢 (3)衝擊性 (4)以上皆是 （乙級物性環測）

（1）16. 下列何者會影響噪音測定結果？ (1)磁場 (2)照明 (3)氧氣濃度 (4)二氧化碳濃度 （衛生管理師）

（2）17. 容許偏差在主要聲音頻率範圍內為 0.7 分貝的噪音計屬於第幾型(Type)噪音計？ (1)0 (2)1 (3)2 (4)3 （衛生管理師）

（1）18. 噪音計指示讀數與頻率無關為下列何者？ (1)F (2)A (3)B (4)C 權衡 （乙級物性環測）

（4）19. 噪音計在何者風速(m/s)下使用時須加裝防風罩？　(1)1　(2)2　(3)5　(4)10　　　　　　　　　　（衛生管理師題庫）

（4）20. 噪音計外部校準使用之標準音源須大於環境背景噪音多少 dB？(1)1　(2)2　(3)5　(4)10　　　　　　　　　（乙級物性環測）

（4）21. 噪音測定易受微音器方向影響者為？　(1)高頻音　(2)中低頻音　(3)低頻音　(4)超低頻者　　　　　　　（乙級物性環測）

（1）22. 1/1 八音度頻帶，各頻帶音壓級相同者為何種噪音？　(1)粉紅　(2)黑　(3)綠　(4)白　　　　　　　　　（衛生管理師題庫）

（3）23. 所謂八音階頻帶頻譜分析，乃指上限頻率與下限頻率之頻率組合為幾倍關係？　(1) $2^{1/3}$　(2)$2^{1/2}$　(3)2　(4)1/2

（衛生管理師題庫）

（3）24. 測定對象音源以外之所有噪音為下列何者？　(1)白噪音　(2)粉紅噪音　(3)背景噪音　(4)殘餘噪音　（衛生管理師題庫）

（2）25. 噪音計在下列那一個頻率（赫）之純音，以 A、B、C 權衡電網監測時結果相同？　(1)2000　(2)1000　(3)100　(4)16000

（甲級物性環測）

（1）26. 固定頻帶寬分析器之頻帶心頻率為 110 赫，下限頻率為 100 赫，則上限頻率為何者？　(1)120　(2)200　(3)300　(4)80

（甲級物性環測）

（4）27. 八音度頻帶範圍為 707~1414 赫，如分為 1/3 八音度頻帶時有幾個頻帶？　(1)9　(2)1/3　(3)1　(4)3　　　（甲級物性環測）

　▲ 說明

$707 \times 2^{\frac{1}{3}} = 891$ ；$891 \times 2^{\frac{1}{3}} = 1122$ ；$1122 \times 2^{\frac{1}{3}} = 1414$

$707 \rightarrow 891 \rightarrow 1122 \rightarrow 1414$

（3）28. 八音幅頻帶之上限及下限頻率各為 1420 及 710 Hz，依公式計算其中央頻率為？ (1)500 (2)1250 (3)1004 (4)2008 Hz

（乙級物性環測）

二、複選題

（1.2.4） 1. 有關活塞式音響校正器之特性，下列敘述何者正確？ (1)易受大氣壓力變化影響 (2)僅能產生單一頻率音源 (3)可產生多種頻率音源 (4)利用往復壓縮空氣產生音源

（衛生管理師題庫）

（1.2.3.4）2. 噪音計微音器之選用，應考量下列哪些參數之影響？ (1)濕度 (2)振動 (3)磁場 (4)溫度 （衛生管理師題庫）

（3.4.） 3. 下列何者為活塞式音響校正器之特性？ (1)可產生多種頻率音源 (2)不易受大氣壓力變化影響 (3)利用往復壓縮空氣產生音源 (4)僅能產生一種音源 （衛生管理師題庫）

（2.3.4） 4. 下列何者為噪音作業場所進行噪音監測時應考慮之因素？ (1)測定點照度強弱 (2)量測儀器放置位置 (3)測定條件（如天氣、風速等） (4)量測時間 （乙級物性環測）

（1.2.4） 5. 以下何種等級之噪音計可用於量測工作場所噪音是否符合法令規定？ (1)Type 0 (2)Type 1 (3)Type 3 (4)Type 2

（衛生管理師題庫）

（2.3.4） 6. 下列有關聲音之敘述何者正確？ (1)粉紅噪音其頻帶寬度不相同且每一頻帶音功率亦不相同 (2)白噪音係指在相同寬度的頻帶具有相同的功率之聲音 (3)日常生活中之噪音多為複合音 (4)只含有一單一頻率之聲音為純音

（甲級物性環測）

三、問答與計算題

 範例一

（一）某工作場所噪音經頻譜分析儀測定結果如下：

頻率 Hz	31.5	63	125	250	500	1k	2k	4k	8k	16k
音壓級(dB)	90	90	93	95	100	102	105	105	70	80
A 權衡校正	-39	-26	-16	-9	-3	0	+1	+1	-1	-7

提示：聲音級合成概算表

L1-L2	0~1	2~4	5~9	10
加值	3	2	1	0

試概算該場所之 A 權衡音壓級？

（二）某場所屬於噪音作業場所，勞工 8 小時日時量平均音壓級為 95 dBA，試問該事業單位應採取之管理對策為何？（衛生管理師）

▶▶ 解答

（一）

頻率 Hz	31.5	63	125	250	500	1k	2k	4k	8k	16k
音壓級(dB)	90	90	93	95	100	102	105	105	70	80
A 權衡修正	-39	-26	-16	-9	-3	0	+1	+1	-1	-7
dB (A)	51	64	77	86	97	102	106	106	69	73

A 權衡音壓級修正後由小到大排序：

dB (A)	51	64	69	73	77	86	97	102	106	106

依聲音級合成概算表

64	69	73	77	86	97	102	106	106
70 (69+1)		79(77+2)		86	103(102+1)		109(106+3)	
80 (79+1)				86	110(109+1)			
87(86+1)					110			
110(110+0)								

該場所之 A 權衡音壓級約為 110 (dB)。

（二）事業單位應採取之對策：

雇主依法應採對策，減少噪音對勞工的危害，說明如下：

1. 工程改善

   (1) 改採用低噪音製程、機械設備與材料。

   (2) 高噪音源應採取密閉等隔離措施。

   (3) 減少物件間的摩擦、衝擊並消除機械鬆動現象。

   (4) 高噪音源傳播路徑應做吸音、遮音等設施以隔離噪音。

   (5) 減少對振動面之作用力與減小振幅等減振施措以降低音量。

   (6) 加裝消音設備或降低流體流速。

2. 行政管理

   (1) 勞工佩戴耳塞、耳罩等防音防護具。

   (2) 標示並公告危害預防注意事項，讓勞工周知。

   (3) 勞工 8 小時日時量平均音壓級為 95 dBA，一天容許的暴露時間為 4 小時，應實施輪班制，以減少勞工之暴露劑量。

3. 健康管理

   依《職業安全衛生法施行細則》第 28 條，該作業環境為特別危害健康作業，每年勞工需做特殊健康檢查。

範例二

何謂聲音的頻率？並說明八音階頻譜分析器(Octave band filter)上下中心頻率的特性。又一般作頻譜分析的應用為何？（職業衛生技師）

▶▶ 解答

（一）聲音的頻率

聲波是一種縱波，其振盪方向與聲音傳送方向平行。聲音震盪的速度稱為頻率(f)，以每秒週波數(cycle per second/cps)或赫(Hz)來表示。人耳可聽到的聲音，頻率介於 20~20000 Hz 之間，而較敏感的頻率則介於 1000~4000 Hz 之間。頻率的倒數為週期，亦即介質產生一個全波所需的時間。每週波的距離稱為波長。

（二）一般噪音計所量測到的信號為全頻帶寬的單一數值，其中心頻率 fc，f_1 為下限頻率，f_2 為上限頻率。而 f_1 與 f_2 間的頻寬，即為濾波器之頻帶寬。常用頻譜分析為八音度頻帶分析儀與 1/3 八音度頻帶分析儀。

1. 八音度頻帶分析儀：上限頻率與下限頻率之頻率組合為兩倍關係，亦即 $f_n = 2f_{n-1}$。正常人耳可聽範圍內，最低頻率與最高頻率間約有 9 個八音符頻帶。

2. 1/3 八音階頻帶頻譜分析儀：上一個中心頻率為下一個之 $2^{\frac{1}{3}}$ 倍，亦即 $f_n = 2^{\frac{1}{3}}f_{n-1}$。

3. 最低頻率與最高頻率間約有 27 個八音符頻帶。

4. 頻譜分析可以分解各單音之頻率，中心頻率 fc 以 $\sqrt{f_1 \times f_2}$ 來表示。

（三）頻譜分析儀的優勢

1. 可同時將多頻信號以頻域的方式來呈現，以方便辨識各不同頻率的功率裝置，並顯示信號在頻域裡的特性。

2. 為測定噪音特性，常將聲音區分為數個頻帶予以測定分析，一般分得越細，測定越精確。

 範例三

　　試說明在噪音測定中，所使用之 A、B、C、D 頻率修正權衡電網(frequency weighting network)之特殊涵意與應用時機。又在頻率分析上採用八音階頻(octave band)與三分之一八音階頻率(1/3 octave band)其間之差異如何？（職業衛生技師）

▶▶ 解答

（一）人耳對於聲音頻率有不同的敏感度，為了能模擬人耳對噪音的主觀感受，在噪音計內部設計有一個頻率修正權衡電網來達到此一功能，為因應不同測定評估目的，所以噪音測定儀器在設計時即需設計不同的計算電氣回路，以應用在各種情況下，修正不同頻率噪音音壓級，最常用之四種為 A、B、C、D。

類別	適用說明
A	· A 權衡電網曲線很接近 40 唪(phon)等響度級曲線。 · A 權衡電網曲線對高頻率權重加強，對低頻權重降低，較接近於人對聲音的主觀感受，環境與職業安全衛生上都採用。 · 評估噪音對人之影響時大多採用 dB(A)，量出結果最能與人的聽感一致。
B	較少使用
C	· C 權衡電網曲線很接近 100 唪(phon)等響度級曲線。C 權衡電網曲線大部分範圍均接近實際能量而修正較少。 · 常用於評估防音防護具之防音性能、工業機械器具與工程所發生之噪音的改善。 · 同噪音之 dB(C)與 dB(A)的值差異大時，表示該噪音屬低頻音。
D	測量航空器的噪音使用。

（二）實施頻譜分析時，不可能對所有的頻率一一測定音壓級，只能將頻率劃分成幾個頻帶予以測定，所劃分的頻率範圍稱為頻帶寬度。一般噪音計所量測到的信號為全頻帶寬的單一數值，其中心頻率 fc，f_1 為下限頻率，f_2 為上限頻率。而 f_1 與 f_2 間的頻寬，即為濾波器之頻帶寬。常用頻譜分析為八音度頻帶分析儀與 1/3 八音度頻帶分析儀。

1. 八音度頻帶分析儀：上限頻率與下限頻率之頻率組合為兩倍關係 $f_n = 2f_{n-1}$

   正常人耳可聽範圍內，最低頻率與最高頻率間大約有 9 個八符頻帶。

2. 1/3 八音階頻帶頻譜分析儀：上一個中心頻率為下一個之$2^{\frac{1}{3}}$倍，亦即 $f_n = 2^{\frac{1}{3}}f_{n-1}$，正常人耳可聽範圍內，1/3 八音度頻帶約可分為 27 個頻帶，因八音度頻帶的每一頻帶可劃分為 3 個 1/3 八音度頻帶。

3. 頻譜分析可以分解各單音之頻率，中心頻率 fc 以$\sqrt{f_1 \times f_2}$ 來表示。

範例四

試回答下列問題：

（一）何謂 Type 2 噪音計？

（二）在自由音場測定高頻噪音時，當以無方向型(random)、垂直型或水平型微音器測定入射噪音時，一般而言何種入射會有較高的回應特性測值？

（三）承上題，無方向性微音器中心軸線與音波入射的測定角度範圍，通常為何？

（四）列出計算式，計算噪音計中心頻率為 2000 Hz 的八音度頻帶上、下限頻率。

（五） 列出計算式，說明距離線噪音源 4 公尺時之噪音，較距離相同音源 2 公尺時之噪音會減少多少 dB？若為點噪音源，則距離由 2 公尺變為 8 公尺時，噪音會減少多少 dB？（衛生管理師）

▶▶ 解答

（一） Type 2 噪音計為普通噪音計，工廠現場測量用，一般噪音量測，都要求噪音計等級至少要達 Type 2 型以上，相當於我國國家標準 CNS7127，其主要頻率容許誤差在 ±1.0 dB 以下。

（二） 在自由音場測定高頻噪音時，當以垂直型微音器測定入射噪音時，會有較高的回應特性測值。

（三） 無方向性微音器中心軸線與音波入射的測定角度範圍，通常為以 70~80° 對向音源傳播方向。

（四） 噪音計中心頻率為 2000 Hz 的八音度頻帶上、下限頻率計算如下：

f_1: 下限頻率 ；f_2: 上限頻率

噪音計中心頻率 $fc = \sqrt{f_1 \times f_2}$ ；$f_2 = 2f_1$

$fc = 2000 = \sqrt{f_1 \times 2f_1} = \sqrt{2} \times f_1$

$f_1 = \frac{2000}{\sqrt{2}} = 1414(Hz)$

$f_2 = 2f_1 = 2828(Hz)$

中心頻率 2000 Hz 的八音度頻率其上限頻率為 2828 Hz；下限頻率為 1414 Hz。

（五）1. 自由音場中的線音源：

$I = \frac{W}{2\pi r}$ ；

$L_I \cong L_P = L_W - 10 \log r - 8$

L_P：音壓位準 ；L_I：音強度位準；L_W：音功率位準

r：與音源之距離

當音源距離由 $r_1 \rightarrow r_2$

$$L_1 - L_2 = 10 \log \frac{r_2}{r_1} = 10 \log 2 \cong 3 \text{ (dB)}$$

線音源每增加一倍距離，音壓級衰減 3 分貝

2. 自由音場中的點音源：

$$L_I \cong L_P = L_W - 20 \log r_1 - 11$$

當音源距離由 $r_1 \rightarrow r_2$

$$L_1 - L_2 = 20 \log \frac{r_2}{r_1} = 20 \log \frac{8}{2} = 20 \log 4 \cong 12 \text{(dB)}$$

 範例五

請說明作業環境噪音量測的策略，並比較說明噪音劑量計(Dose Meter)、噪音計(Sound Level Meter)與噪音頻譜分析儀(Frequency Analyzer)量測功能與意義之異同。(職業衛生技師)

▶▶ 解答

（一）環境噪音量測的策略

噪音測量的策略除說明量測目的外，針對噪音源與作業人員的部分說明如下：

噪音源	作業人員
1. 確認噪音區域位置	1. 作業人員數量與個人工作工時
2. 標註噪音設備名稱	2. 作業人員位置
3. 辨認噪音類型	3. 作業方式
4. 噪音量測與記錄	4. 作業時間
(1) 量測地點	
(2) 量測對象	
(3) 量測方法	
(4) 量測頻率	
(5) 量測時間	
(6) 樣本數等	

（二）1. 頻譜分析儀

　　　了解音源頻率分布，據以擬定噪音源防制對策。

　　2. 噪音計

　　　利用微音器將聲音轉變為電器訊號處理之指示音量計，測定以 A 權衡為主，記為 dB(A)，通常皆同步以頻譜分析儀量測，以了解音源頻率分布。

　　3. 噪音劑量計

　　　目的為評估勞工噪音暴露工作日 8 小時日時量平均劑量、微音器以延長線夾在耳朵附近進行量測。

 範例六

（一）試述作業環境中穩定性噪音、變動性噪音和衝擊性噪音的監測方法。及其監測時應注意事項。

（二）試從作業環境工程管理與作業管理等面向，說明預防噪音危害之基本原則或方法。（職業衛生管理師）

▶▶ 解答

（一）

類別	穩定性噪音	變動性噪音	衝擊性噪音
定義	暴露時間內噪音值隨時間不變或變動程度不大，例如單一抽風扇運轉噪音等。	暴露時間內噪音值隨時間呈現不規則變動，如工廠隨時間有不同台數的機械運作。	持續時間極短（1 秒以內）的噪音，如大型機械的裁切、打樁機打樁等。

類別	穩定性噪音	變動性噪音	衝擊性噪音
監測方法	可以噪音劑量計測暴露劑量,亦可以噪音計測音壓級,先選擇測定位置並設定噪音計之功能鍵在 A 權衡及慢速回應特性,以某間隔取平均值。	可以噪音劑量計測暴露劑量,亦可以噪音計測音壓級,先選擇測定位置並設定噪音計之功能鍵在 A 權衡及慢速回應特性,依音量變動情形,分割成數個時間間段計算日時量平均音壓級。	以示波器繪製噪音的歷時分布圖並檢核衝擊性噪音是否符合定義。以具 PEAK 特性功能鍵的噪音計監測其音壓級,判斷是否超過 140 dB。
注意事項	1. 噪音校正要正確。 2. 測量時噪音計要裝上防風罩、要佩戴耳塞、要指向噪音源。 3. 手拿噪音計時,套環應穿過手腕,以防噪音計掉落		

(二) 雇主依法應採對策,減少噪音對勞工的危害,說明如下:

1. 工程管理

(1) 改採用低噪音製程、機械設備與材料。

(2) 高噪音源應採取密閉等隔離措施。

(3) 減少物件間的摩擦、衝擊並消除機械鬆動現象。

(4) 高噪音源傳播路徑應做吸音、遮音等設施以隔離噪音。

(5) 減少對振動面之作用力與減小振幅等減振施措以降低音量。

(6) 加裝消音設備或降低流體流速。

2. 行政管理

(1) 勞工 8 小時日時量平均音壓級超過 85 分貝或暴露劑量超過 50%時,雇主應使勞工配戴有效之耳塞、耳罩等噪音防護具。

(2) 噪音超過 90 分貝之工作場所,應標示並公告噪音危害之預防事項,使勞工周知。標示並公告危害預防注意事項,讓勞工周知。

(3) 定期實施聽力檢查，可及早發現聽力是否受損。

(4) 控制勞工於高噪音場所暴露時間。如不易控制時，亦可採取輪班制。

 範例七

試說明噪音測定時所應採取的主要步驟為何？（職業衛生技師）

▶▶ 解答

量測主要步驟：

1. 量測人員及現場量測區域應有維護安全之基本設備如安全帽、反光背心（衣）、警戒線等。

2. 量測時間內量測地點須無雨且風速須在每秒 5 公尺以下，噪音計在風速 10 m/s 下使用時須加裝防風罩。

3. 量測環境噪音時，量測地點在室外者，距離任何反射物（如建築物）1~2 公尺，量測地點在室內者，將窗戶打開並距離窗戶 1.5 公尺；量測固定音源時，量測點離任何反射物（如建築物）。

1 公尺以上，微音器高度皆離地面 1.2~1.5 公尺。

4. 噪音計需外接電源時，需確認供應電源之電壓是否正確，如果噪音計使用電池亦先確認電池容量以免量測期間斷電。

5. 將噪音計架設於噪音計專用之三腳架上，確認噪音計穩固不會有傾斜（倒）之虞。將微音器（外加防風罩）朝向欲測發音源，且其垂直角度依發音源傳播方向而調整至最適合位置。

6. 量測前噪音計應依儀器原廠說明使用音壓校正器進行校正。

7. 針對各項不同音源量測地點、時間、動態特性與評估位準指標選用並量測。

8. 量測完畢後進行噪音計校正，校正結果應符合品質管制並且記錄；同時以需記錄量測期間氣象條件。

範例八

　　進行年度健康檢查時，發現多人聽力損失嚴重，該如何規劃噪音的採樣策略，請以計劃書的格式書寫。（職業衛生技師~作業環測）

▶▶ 解答

（一）依據《勞工作業環境監測實施辦法》第 10 條規定：雇主實施作業環境監測前，應就作業環境危害特性及中央主管機關公告之相關指引規劃採樣策略，並訂定含採樣策略之作業環境測定計劃確實執行，並依實際需要檢討更新。

（二）採樣策略：

1. 確認噪音區域位置
　　盤檢廠區內可能之噪音場所，例如製程設備區、汙染防制處理設備區等，以確認噪音之作業區域。

2. 標註噪音設備名稱
　　確認噪音區域位置後，記錄該區域內導致發生噪音的設備或設施名稱，例如製程區的空壓機、包裝機及空氣汙染防制設備區的高壓逆洗設備等，並記錄其設備與編號。

3. 辨認噪音類型
　　不同的噪音類型對作業人員有不同程度的危害及管理措施，因此應辨認噪音產生類型是屬於穩定性噪音、變動性噪音或是衝擊性噪音。

4. 噪音量測與記錄
　　針對噪音區域進行噪音定性與定量的測定，例如屬於衝擊性噪音，則同時記錄其峰值，使後續採樣策略評估能有更清楚的背景資料。

5. 作業人員現況調查
　　記錄各噪音作業區的作業人員數量與個人工作工時，作為後續選定受測定對象或相似暴露族群劃分之參考。

6. 作業人員位置

   描述人員進入噪音區作業時所處位置與噪音源之距離及相對位置。

7. 作業方式與作業時間

   描述作業人員進入該噪音區之作業方式與作業時間。

8. 聽力檢查結果評估與管理

   對於噪音暴露區，應記錄該區域作業群族人員之聽力檢查結果，建立健康管理資料並實施分級健康管理。

噪音暴露評估

第一節　噪音暴露評估法源

依據《職業安全衛生設施規則》第 300 條，雇主對於發生噪音之工作場所，應依下列規定辦理：

1. 勞工工作場所因機械設備所發生之聲音超過 90 分貝時，雇主應採取工程控制、減少勞工噪音暴露時間，使勞工噪音暴露工作日 8 小時日時量平均不超過表 4-1 之規定值或相當之劑量值，且任何時間不得暴露於峰值超過 140 分貝之衝擊性噪音或 115 分貝之連續性噪音；對於勞工 8 小時日時量平均音壓級超過 85 分貝或暴露劑量超過 50%時，雇主應使勞工戴用有效之耳塞、耳罩等防音防護具。

   (1) 勞工暴露之噪音音壓級及其工作日容許暴露時間如表 4-1 所示。

★ 表 4-1　勞工暴露之噪音音壓級及其工作日容許暴露時間

工作日容許暴露時間（小時）	噪音音壓級 dB(A)
8	90
6	92
4	95
3	97
2	100
1	105
1/2	110
1/4	115

   (2) 勞工工作日暴露於二種以上之連續性或間歇性音壓級之噪音時，其暴露劑量之計算方法為：

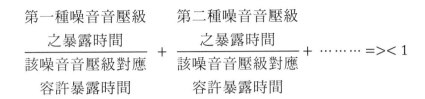

$$\frac{第一種噪音音壓級之暴露時間}{該噪音音壓級對應容許暴露時間} + \frac{第二種噪音音壓級之暴露時間}{該噪音音壓級對應容許暴露時間} + \cdots\cdots => < 1$$

其和大於 1 時，即屬超出容許暴露劑量。

(3) 測定勞工 8 小時日時量平均音壓級時，應將 80 分貝以上之噪音以增加 5 分貝降低容許暴露時間一半之方式納入計算。

2. 工作場所之傳動馬達、球磨機、空氣鑽等產生強烈噪音之機械，應予以適當隔離，並與一般工作場所分開為法則。

3. 發生強烈振動及噪音之機械應採消音、密閉、振動隔離或使用緩衝阻尼、慣性塊、吸音材料等，以降低噪音之發生。

4. 噪音超過 90 分貝之工作場所，應標示並公告噪音危害之預防事項，使勞工周知。

第二節 暴露劑量管理法則

雇主對於暴露於噪音作業環境之勞工，需提供隔音裝置、進行職務輪調或進行健康管理，然而噪音暴露量之估算目前常用五分貝法則或三分貝法則，茲分述如下：

一、五分貝法則

所謂「五分貝法則」乃是指噪音增加 5 分貝，則勞工暴露之風險將增倍，亦即暴露時間應減半以應對，一般是以 90 分貝下，容許暴露時間 8 小時進行評估。表 4-2 為五分貝法則，通常 80 分貝以下之噪音，不進行暴露評估。五分貝法則考量一天之工作期間內勞工不暴露於噪音危害

的時段，所以會輔以噪音暴露劑量，作為評估，我國及美國美國聯邦職業安全與健康管理局(OSHA；Occupational Safety and Health Administration)皆採用此法則。

★ 表 4-2　五分貝法則

工作日容許暴露時間（小時）	噪音音壓級　dB(A)
8	90
4	95
2	100
1	105
1/2	110
1/4	115

　　經由上述五分貝法則，推得噪音音壓級與工作日容許暴露時間的關係式如下：

$$T = \frac{8}{2^{\frac{(L-90)}{5}}}$$

L：暴露噪音值 dB(A)

T：暴露噪音值對應之容許暴露時間

二、三分貝法則

　　當噪音的功率變為原來 2 倍時，噪音音壓級分貝數增加 3 dB (10log2=3)，目前英國、德國、日本、法國及美國環保署(EPA；Environmental Protection Agency)，美國國家職業安全衛生研究所(NIOSH；The National Institute for Occupational Safety and Health)皆採用此法則。

三、暴露量估算

在不同噪音量及暴露時間下，所累計理論暴露劑量估算方式為：

$$\frac{\text{第一種噪音音壓級之暴露時間}}{\text{該噪音音壓級對應容許暴露時間}} + \frac{\text{第二種噪音音壓級之暴露時間}}{\text{該噪音音壓級對應容許暴露時間}} + \cdots$$

$$+ \frac{\text{第 N 種噪音音壓級之暴露時間}}{\text{該噪音音壓級對應容許暴露時間}} => < 1$$

若累計值>1 則表示超過現行法令標準，

=<1 表示符合現行法令標準。

暴露劑量公式如下：

$$\text{Dose}(\%) = (\frac{t_1}{T_1} + \frac{t_2}{T_2} \cdots\cdots + \frac{t_n}{T_n}) \times 100$$

式中 D(%)表示暴露劑量，

t_1、t_2、t_n　分別表示不同噪音下之暴露時間，

T_1、T_2、T_2 分別表示不同噪音對應之允許暴露時間。

例題 I

有一勞工在下列噪音環境下工作，未戴噪音防護具，請問是否符合《勞工安全衛生設施規則》之標準？

作業時間（小時）	噪音音壓級 dB(A)
8~10	90
10~12	65
12~15	95
15~16	80

▶▶ 解答

依五分貝法則

作業時間（小時）	噪音音壓級 dB(A)	容許暴露時間（小時）
8~10	90	8
10~12	65	無須計入
12~15	95	4
15~16	80	32

$$\text{Dose}(\%) = \left(\frac{t_1}{T_1} + \frac{t_2}{T_2} \cdots\cdots + \frac{t_n}{T_n} \right) \times 100$$

$$= \left(\frac{2}{8} + \frac{3}{4} + \frac{1}{32} \right) = 103\% > 100\%$$

表示不合規則標準。

四、暴露劑量與音壓級轉換

音壓位準時量平均值(Time Weighted Average Sound Level, TWA)為工作日 8 小時之時量平均值，以分貝表示。而時量平均值(TWA)與暴露劑量(Dose)、暴露時間(t)間有一關係式， $\text{TWA} = 90 + 16.61 \times \log D$

推導如下：

1. 暴露劑量 $D(\text{Dose}) = \frac{t}{T}$， $T = \frac{t}{\text{Dose}}$

2. 五分貝法則容許暴露時間 $T = \dfrac{t}{2^{\frac{(L-90)}{5}}} = \dfrac{t}{2^{\frac{(TWA-90)}{5}}}$

因 TWA 為評估 8 小時之日時量平均音壓級，故 t=8 代入

$$T = \frac{8}{D} = \frac{8}{2^{\frac{(TWA-90)}{5}}}$$

$$D = 2^{\frac{(TWA-90)}{5}} \text{，兩邊取對數}$$

$$LogD = \frac{(TWA-90)}{5} \times \log 2$$

$$\frac{5 \times \log D}{\log 2} = (TWA - 90)$$

$$TWA = 90 + \frac{5}{\log 2} \times \log D$$

$$TWA = 90 + 16.61 \times \log D$$

3. 噪音暴露劑量之修正

因 TWA 為評估 8 小時之日時量平均音壓級，若評估作業時間非 8 小時時，暴露劑量需做修正：

$$\frac{D_8}{D_t} = \frac{8}{t}$$

t：作業時間

D_t：t 小時作業時間下所對應之暴露劑量

D_8：8 小時作業時間下所對應之暴露劑量

例題 2

某一作業場所勞工暴露於噪音之時間為 14 時至 16 時，以噪音劑量計測定結果為 50%：

(1) 該噪音作業時段之噪音音壓級為多少分貝？

(2) 如該日該勞工無其他時段有噪音暴露時，則該勞工噪音暴露之 8 小時日時量平均音壓級為何？

（註：log2=0.30，log3=0.48，log5=0.70，log7=0.85）（乙職）

▶▶ 解答

| 方法一公式解 |

(1) 該噪音作業時段之噪音音壓級為多少分貝？

14 時至 16 時，2 小時噪音劑量為 50%，

則依上述工作條件 8 小時之暴露劑量為：

$$\frac{D_8}{D_t} = \frac{8}{t}$$

$$\frac{D_8}{50\%} = \frac{8}{2}$$

$D_8 = 50\% \times 4 = 200\% = 2$

$TWA = 90 + 16.61 \times \log D_8$

$TWA = 90 + 16.61 \times \log 2$

$TWA = 95 \text{ (dBA)}$

(2) 勞工該日無其他時段有噪音暴露時，則該勞工噪音暴露之 8 小時日時量平均音壓級為何？

2 小時噪音劑量為 50%，其餘未再有噪音暴露劑量，則本題意變成 8 小時只有 50% 的噪音暴露劑量，其音壓級為多少？

$TWA = 90 + 16.61 \times \log D_8$

$TWA = 90 + 16.61 \times \log 0.5$

$TWA = 85 \text{ (dBA)}$

方法二推算法

(1) 該噪音作業時段之噪音音壓級為多少分貝？

本題意，2 小時達 50%暴露劑量，則 4 小時即達 100%劑量，依五分貝法即為 95 分貝。

(2) 2 小時噪音劑量為 50%，其餘未再有噪音暴露劑量，則本題變成 8 小時有 50%的暴露劑量，其音壓級為多少？

8 小時有 50%的暴露劑量，則 16 小時則有 100%的暴露劑量，其所對應之音壓級為 85 分貝。

五分貝容許劑量推算法則如表 4-3 所示：

★ 表 4-3　五分貝容許劑量推算法則

五分貝法則		在固定音壓級下，100%暴露劑量容許暴露時間(T) X 工作日 8 小時之暴露劑量(D)=8		
音壓級 (TWA)	100%暴露劑量下容許暴露時間(T)	該音壓級下工作 8 小時之暴露劑量 (Dose=$2^{\frac{TWA-90}{5}}$)		容許暴露時間(T) X 8 小時容許暴露劑量 (Dose)
85 dB	16	1/2	50%	8
90 dB	8	1	100%	8
95 dB	4	2	200%	8
100 dB	2	4	400%	8
105 dB	1	8	800%	8
110 dB	1/2	16	1600%	8

例題 3

AM8~12	4 小時	穩定性噪音	LA＝90 dBA	(1) 該勞工噪音暴露 8 小時日時量平均音壓級為何？
PM13~14	1 小時	變動性噪音	噪音劑量＝40%	(2) 該勞工噪音暴露工作日時量平均音壓級為何？（乙職）
PM14~18	4 小時	穩定性噪音	LA＝85 dBA	

▶▶ 解答

(1) 該勞工噪音暴露 8 小時日時量平均音壓級

暴露劑量 $D = \dfrac{4}{8} + 40\% + \dfrac{4}{16} = 115\% = 1.15$

本題之題意：115%暴露劑量下，相當於工作日 8 小時的音壓級是多少分貝？

$TWA = 90 + 16.61 \times \log D$

$TWA = 90 + 16.61 \times \log 1.15 = 91 \ (dBA)$

(2) 該勞工在工作日（9 小時）噪音暴露時間內之時量平均音壓級是多少分貝？

$\dfrac{D_8}{D_9} = \dfrac{8}{t}$

$\dfrac{D_8}{1.15} = \dfrac{8}{9}$; $8 \times 1.15 = 9 \times D_8$

$D_8 = \dfrac{8 \times 1.15}{9} = 1.02$

$TWA_9 = 90 + 16.61 \times \log 1.02 = 90.16 (dBA)$

兩題相較：8 小時音壓級 91(dBA)

→9 小時音壓級較小為 90.16(dBA)

例題 4

一勞工每日工作時間 8 小時			
AM 8~12	4 小時	穩定性噪音	LA＝90 dBA
PM 13~16	3 小時	變動性噪音	噪音劑量＝50%
噪音暴露時間外，其餘未暴露			
(1) 該勞工全程工作日之噪音暴露劑量為何？			
(2) 該勞工全程工作日暴露相當之音壓級為何？			
(3) 該勞工有噪音暴露時間內之時量平均音壓級為何？			
（衛生管理師）			

▶▶ 解答

(1) 全程工作日之噪音暴露劑量為

$\frac{4}{8}$ (AM 暴露劑量)+50%(PM 暴露劑量)=100%

(2) 全程工作日暴露相當=8 小時時量平均音壓級

$TWA_8=90+16.61\times\log100\%=90$ (dBA)

(3) $\dfrac{D_8}{D_t}=\dfrac{8}{t}$

$\dfrac{D_8}{100\%}=\dfrac{8}{7}$ → $D_8=\dfrac{8\times1}{7}=\dfrac{8}{7}$

$TWA_7=90+16.61\times\log\dfrac{8}{7}=90.96$ (dBA)

考題解析

一、單選題

（1）1. 下列哪一個監測噪音儀器可以監測勞工累積暴露劑量？ (1)噪音劑量計 (2)簡易噪音計 (3)噪音即時分析器 (4)普通噪音計 （甲級物性）

（4）2. 勞工噪音暴露工作日八小時內任何時間不得暴露於峰值超過 140 分貝之下列何種噪音？ (1)穩定性 (2)間歇性 (3)連續性 (4)衝擊性 （甲級物性）

（3）3. 依職業安全衛生設施規則規定，勞工暴露之噪音音壓級增加多少分貝時，其工作日容許暴露時間減半？ (1)2 (2)3 (3)5 (4)7 （乙職）

（4）4. 勞工工作日噪音暴露時量平均音壓級 90 分貝，其劑量為 100%，如採用五分貝減半率工作日暴露總劑量監測結果為 200%，則其八小時日時量平均音壓級為 (1)93 (2)98 (3)100 (4)95 （乙級物性）

（2）5. 某勞工每日作業時間 8 小時暴露於穩定性噪音，戴用劑量計監測 2 小時，其劑量為 25%，則該勞工工作 8 小時日時量平均音壓級為多少分貝？ (1)86 (2)90 (3)94 (4)98 （乙職）

（2）6. 某勞工暴露於 85 分貝 4 小時，95 分貝 1 小時，100 分貝 1 小時，75 分貝 2 小時，請問該勞工八小時日時量平均音壓級為多少分貝？ (1)88 (2)90 (3)92 (4)95 （乙職）

（3）7. 某勞工每日作業時間 8 小時暴露於穩定性噪音，戴用劑量計監測 2 小時，其劑量為 44.5%，則該勞工工作 8 小時日時量平均音壓級為多少分貝？ (1)86 (2)90 (3)94 (4)98

（職業衛生管理師）

▲ 說明

$\frac{D_8}{D_t} = \frac{8}{t}$ ， $\frac{D_8}{44.5\%} = \frac{8}{2}$ ，

$D_8 = 4 \times 44.5\% = 178\% = 1.78$

TWA=90+16.61×log(D) =90+16.61×log(1.78) $\cong$94(dB)

（2）8. 勞工噪音暴露工作日八小時日時量平均音壓級為 92 分貝，則其工作日八小時之總劑量為多少％？ (1)265 (2)132 (3)46 (4)99 （乙級物性）

▲ 說明

TWA=90+16.61×log(D)

92=90+16.61×log(D)

$D = 10^{\frac{2}{16.61}} = 1.32 = 132\%$

（1）9. 職業安全衛生設施規則規定，勞工噪音暴露工作日八小時內，任何時間不得暴露於超過 115 dBA 之何種噪音？ (1)連續性 (2)突發性 (3)衝擊性 (4)爆炸性 （職業衛生管理師）

（2）10. 依勞工健康保護規則規定，勞工暴露工作日八小時日時量平均音壓級噪音在多少分貝以上之作業，為特別危害健康作業？ (1)80 (2)85 (3)90 (4)95 （職業衛生管理師）

（3）11. 依職業安全衛生設施規則規定，對於勞工 8 小時日時量平均音壓級超過 85 分貝或暴露劑量超過多少百分比時，雇主應使勞工戴用耳塞、耳罩等防護具？ (1)30 (2)40 (3)50 (4)60

（職業衛生管理師）

（3）12. 室內作業場所之勞工噪音曝露工作 8 小時日時量平均音壓級超過 85 分貝，應每多少個月測定 1 次以上？ (1)1 (2)3 (3)6 (4)8 （職業衛生管理師）

（4）13. 依職業安全衛生設施規則規定，下列有關噪音暴露標準規定之敘述何者錯誤？ (1)勞工 8 小時日時量平均音壓級暴露不得超過 90 分貝 (2)工作日任何時間不得暴露於峰值超過 140 分貝之衝擊性噪音 (3)工作日任何時間不得暴露於超過 115 分貝之連續性噪音 (4)測定 8 小時日時量平均音壓級時應將 75 分貝以上噪音納入計算 （職業衛生管理師）

（2）14. 某勞工每日工作 8 小時並暴露於衝擊性噪音，使用噪音計量測得勞工時量平均音壓級為 90 分貝（暴露時間 6 小時）及 95 分貝（暴露時間 2 小時），測得峰值為 115 分貝。對於該勞工噪音暴露之描述，下列何者正確？ (1)工作日時量音壓級為 87 分貝 (2)工作日暴露劑量為 125% (3)該勞工噪音暴露時間符合法令規定 (4)雇主無需使該勞工使用防音防護具 （職業衛生管理師）

▲ 說明

$L_{90}(15{:}00{\sim}17{:}00){=}90\text{dBA}$，$T_{90} = \frac{8}{2^{\frac{(90-90)}{5}}} = 8(\text{hr})$。

$L_{95}(13{:}00{\sim}15{:}00){=}95\text{dBA}$，$T_{95} = \frac{8}{2^{\frac{(95-90)}{5}}} = 4(\text{hr})$；

故 $D = \frac{6}{8} + \frac{2}{4} = \frac{5}{4} = 1.25$

噪音暴露量為 1.25（超過 1）故該勞工之噪音暴露量未符合規定。

$TWA{=}90{+}16.61{\times}\log(D) {=}90{+}16.61{\times}\log(1.25) \cong 91.6(\text{dB})$

依《職業安全衛生設施規則》第 300 條之規定，標示並公告噪音危害預防注意事項、進行噪音源減量控制或減少勞工暴露時間並提供耳塞等防音用具。

（2）15. 勞工甲之工作日噪音暴露監測結果為 08：00~12：00 為 78 分貝，13：00~17：00 為 95 分貝，18：00~20：00 為 85 分貝，下列有關甲之噪音暴露之敘述，何者正確？ (1)違反勞動法令規定 (2)勞工甲之工作日八小時日時量平均音壓級超過 90 分貝 (3)未違反勞動法令規定 (4)勞工甲之工作日噪音暴露劑量<1 （乙級物性）

▲ 說明

78 分貝<80 分貝，不列入評估，故 $D = \frac{4}{4} + \frac{2}{16} = \frac{9}{8} = 1.125$

噪音暴露量為 1.125>1，該勞工噪音暴露量未符合規定

（3）16. 某勞工暴露於 95 分貝噪音，請問該勞工容許暴露時間為多少小時？ (1)3 (2)3.5 (3)4 (4)5 （職業衛生管理師）

（1）17. 評估勞工噪音暴露測定時，噪音計採用下列何種權衡電網？ (1)A (2)B (3)C (4)F （職業衛生管理師）

（2）18. 評估勞工 8 小時日時量平均音壓級時，依職業安全衛生設施規則規定應將多少分貝以上之噪音納入計算？ (1)75 (2)80 (3)85 (4)90 （職業衛生管理師）

（1）19. 依職業安全衛生設施規則規定，勞工暴露於連續穩定性噪音音壓級為 100 分貝時，其工作日容許暴露時間為多少小時？ (1)2 (2)4 (3)6 (4)8 （職業衛生管理師）

（3）20. 依勞工健康保護規則規定，勞工噪音暴露工作日八小時日時量平均音壓級多少分貝(dBA)以上時，勞工應接受噪音作業特殊健康檢查？ (1)90 (2)80 (3)85 (4)95 （職業衛生管理師）

（1）21. 從事噪音暴露八小時日時量平均音壓級超過 85 分貝作業勞工之特殊健康檢查之頻率為下列何者？ (1)每一年一次 (2)僅於受僱或變更從事特別危害健康作業 (3)每二年一次 (4)依一般健康檢查結果再進一步實施 （甲級物性）

二、複選題

（1.4）1. 有關勞工之噪音暴露監測結果，下列敘述何者正確？ (1)工作日八小時量平均音壓級不得超過 90 分貝 (2)工作日均能音壓級(Leq)不得超過 90 分貝 (3)工作日八小時量平均音壓級不得超過 85 分貝 (4)劑量不得超過 1 （甲級物性）

（1.3）2. 工作場所高達 130 分貝設備運轉中，經量測其勞工噪音暴露工作日八小時日時量平均音壓級未達 85 分貝，雇主依法應採取下列哪些措施？ (1)公告噪音危害之預防事項 (2)應定期實施噪音作業環境監測 (3)應採取工程控制降低噪音 (4)應定期實施噪音特殊健康檢查 （乙級物性）

▲ 說明

1. 依據《勞工作業環境監測實施辦法》第 7 條第 3 款
勞工噪音暴露工作日八小時日時量平均音壓級八十五分貝以上之作業場所，應每六個月監測噪音一次以上。

2. 依據《勞工健康保護規則》第 2 條附表一
勞工噪音暴露工作日八小時日時量平均音壓級在八十五分貝以上之噪音作業屬於特別危害健康作業，應定期實施噪音特殊健康檢查。

三、計算與問答題

 範例一

某工廠之生產線配置有空壓機、傳動馬達、傳動鏈條等，屬於會產生噪音之工作場所。請依職業安全衛生設施規則規定，回答下述問題：

（一）若勞工 8 小時日時量平均音壓級超過 85 分貝，雇主應採取何種措施？

（二）若噪音超過 90 分貝，雇主應採取何種措施？（乙職）

▶▶ 解答

（一）使暴露勞工戴用有效之耳塞、耳罩等防音防護具。

（二）採取工程控制、減少勞工噪音暴露時間，使勞工噪音暴露工作日
　　　八小時日時量平均不得超過法令之規定值，且任何時間不得暴露
　　　於峰值超過 140 分貝之衝擊性噪音或 115 分貝之連續性噪音。

範例二

某勞工之噪音暴露經監測結果如下，請計算其噪音暴露劑量。

08:00~10:00　穩定性噪音　95 分貝

10:00~12:00　變動性噪音　D=10%

13:00~15:00　穩定性噪音　90 分貝

15:00~17:00　變動性噪音　D=20%　（乙職）

▶▶ 解答

$L(08:00\sim10:00)=95dBA$，$T_{95}=\dfrac{8}{2^{\frac{(95-90)}{5}}}=4$ (hr)；

$L(13:00\sim15:00)=90dBA$，$T_{90}=\dfrac{8}{2^{\frac{(90-90)}{5}}}=8$ (hr)

故 $D=\dfrac{2}{4}+0.1+\dfrac{2}{8}+0.2=1.05$

因噪音暴露量為 1.05 超過 1，故該勞工之噪音暴露量不符合規定。

範例三

勞工在工作場所從事作業，其作業時間噪音之暴露如下：

08:00~12:00 / 85 dBA；

13:00~15:00 / 95 dBA；

15:00~17:00 / 90 dBA；

試評估該勞工之噪音暴露是否符合職業安全衛生設施規則規定（需列出算式）。（乙職）

▶▶ 解答

$L_{A1}(08:00\sim12:00)=85dBA$，$T_1 = \dfrac{8}{2^{\frac{(85-90)}{5}}} = 16(hr)$；

$L_{A2}(13:00\sim15:00)=95dBA$，$T_2 = \dfrac{8}{2^{\frac{(95-90)}{5}}} = 4(hr)$；

$L_{A3}(15:00\sim17:00)=90dBA$，$T_3 = \dfrac{8}{2^{\frac{(90-90)}{5}}} = 8(hr)$。

故 $D = \dfrac{4}{16} + \dfrac{2}{4} + \dfrac{2}{8} = 1$

因噪音暴露量為 1（未超過 1），故該勞工之噪音暴露量符合規定。

 範例四

某勞工之噪音暴露經測定結果如下，試回答下列問題：

08:00~12:00 穩定性噪音 90 dBA

15:00~16:00 變動性噪音 D=20%

16:00~17:00 穩定性噪音 95 dBA

17:00~19:00 衝擊性噪音 D=10%

（一）該勞工之噪音暴露劑量為多少？

（二）該作業是否屬特別危害健康作業？

（三）依職業安全衛生設施規則規定，請列出雇主應採取之三項措施。
　　　（衛生管理師）

▶▶ 解答

（一）勞工之噪音暴露劑量 $D = \dfrac{4}{8} + 0.2 + \dfrac{1}{4} + 0.1 = 1.05 > 1$

（二）$L_{TWA}= 90+16.61\times\log D$

　　　$=90+16.61\times\log 1.05$

　　　$=90.35\ (dB)$

因勞工噪音暴露工作日 8 小時日時量平均音壓級在 85 dBA 以上，故此作業屬於特別危害健康之作業。

（三）依職業安全衛生設施規則規定雇主應採取措施：

1. 工程改善或減少勞工暴露時間。

2. 超過 90 分貝之工作場所，應標示並公告噪音危害預防事項。

3. 雇主應採取隔離、消音、密閉、減振等工程控制措施。

4. 雇主應使勞工佩戴防音防護具，如耳罩、耳塞等。

 類題一

某勞工噪音暴露之 TWA 上午 4 小時為 90 dB，下午 4 小時為 95 dB，試求：（一）暴露劑量(Dose%)、（二）8 小時之 TWA、（三）雇主應採取何措施？

▶▶ **解答**

（一）$T = \dfrac{8}{2^{\frac{(L-90)}{5}}}$ ，$T_{90} = \dfrac{8}{2^{\frac{(90-90)}{5}}} = 8$ ，$T_{95} = \dfrac{8}{2^{\frac{(95-90)}{5}}} = 4$

$D = \dfrac{4}{8} + \dfrac{4}{4} = 1.5 = 150\ \%$ 。

（二）TWA$=90+16.61 \times \log(D) = 90+16.61 \times \log(1.5) = 93$(dB)

（三）D$=150\%$；TWA$=93$(dB)

超過法令規定，應依職業安全衛生設施規則規定，標示並公告噪音危害預防注意事項、進行噪音源減量控制或減少勞工暴露時間並提供耳塞等防音護具。

範例五

一噪音工作場所其各時段之暴露值如下：

08:00~10:00　80 dB / 10:00~12:00　85 dB

13:00~14:00　90 dB / 14:00~18:00　95 dB

問其暴露劑量及時量平均值。（衛生管理師）

▶▶ 解答

dB 值	80 dB	85 dB	90 dB	95 dB
容許暴露時間(小時)	32 小時	16 小時	8 小時	4 小時
暴露時間(小時)	2 小時	2 小時	1 小時	4 小時

（一）勞工之噪音暴露劑量 $D = \frac{2}{32} + \frac{2}{16} + \frac{1}{8} + \frac{4}{4} = 1.31 > 1$

（二）$\frac{D_8}{D_t} = \frac{8}{t}$

$$\frac{D_8}{131\%} = \frac{8}{9}$$

$$\text{TWA} = 90 + 16.61 \log(D \times \frac{8}{t})（工作日 9 小時）$$

$$= 90 + 16.61 \log\left(D \times \frac{8}{9}\right)$$

$$= 91.1 (dB)$$

範例六

勞工在工作場所從事作業，其作業時間噪音之暴露如下：

08:00~12:00　　85 dBA

13:00~15:00　　95 dBA

15:00~18:00　　90 dBA

（一）試評估該勞工之噪音暴露是否超過職業安全衛生設施規則規定？

（二）勞工之工作日全程（九小時）噪音暴露之時量平均音壓級為何？

（三）試將影響噪音引起聽力損失之因素列出。（衛生管理師）

▶▶ 解答

（一）$\text{Dose} = D = \dfrac{4}{16} + \dfrac{2}{4} + \dfrac{3}{8} = 1.125 > 1$ 超過法規標準

（二）$\text{TWA}_9 = 90 + 16.61 \log(D \times \dfrac{8}{t})$ （工作時間為 9 小時）

$= 90 + 16.61 \log(1.125 \times \dfrac{8}{9}) = 90$ (dB)

（三）影響噪音引起聽力損失之因素有

　　1. 噪音音量（必須大於 80 dBA），音量越大，影響越大。

　　2. 噪音頻率，頻率越高，影響越大，尤其是 4 KHz 之影響最大。

　　3. 暴露時間的多寡。

　　4. 年齡、個人因素也是影響的因素。

範例七

（一）勞工每日工作時間 8 小時，其噪音之暴露在上午八時至十二時為穩定性噪音，音壓級為 90 dBA；下午一時至下午四時為變動性噪音，此時段暴露累積劑量為 50%，其他時間未暴露，試回答下列問題：

　　1. 該勞工全程工作日之噪音暴露劑量為何？

　　2. 該勞工全程工作日暴露相當之音壓級為何？

　　3. 該勞工有噪音暴露時間內之時量平均音壓級為多少分貝？

（二）一噪音（純音）其頻率為 1000 Hz，音量為 95 dBA，如該測定儀器無誤差，試將以 F 或 C 權衡電網測定時之結果列出，並說明之。（乙職）

▶▶ 解答

（一） 1. Dose $= \frac{4}{8} + 50\% = 100\%$

2. $\text{TWA}_8 = 90 + 16.61\log(1.0) = 90\text{(dBA)}$ （全程工作日 8hr）

3. $\text{TWA}_7 = 90 + 16.61\log(1.0 \times \frac{8}{7}) = 90.96\text{(dBA)}$

（噪音暴露時間 7 小時）

（二） 以 F 或 C 權衡電網測定時仍為 95 dB，因為頻率為 1000 Hz 時=dBA=dBC=dBF。

 範例八

設某工人上午(8:00~12:00)在 95 dB 之穩定性噪音下工作，下午(12:00~14:00)在 70 dB 之穩定性噪音下工作，試計算該工人噪音之暴露劑量、時量平均音量及均能音量各為多少？（職業衛生技師）

▶▶ 解答

（一） 8 小時暴露之劑量 Dose $= \frac{4}{4} \times 100\% = 1$

（70 dB 不納入劑量計算）

（二） 時量平均音量(TWA)$= 90 + 16.61\log(1.0 \times \frac{8}{6}) = 92.08\text{(dBA)}$

（噪音暴露時間 6 小時內）

（三） 均能音量(Leq)$= 10\log\left(\frac{4 \times 10^{9.5} + 2 \times 10^{7.0}}{6}\right) = 93.25\text{(dBA)}$

 範例九

某資源回收粉碎廠外籍勞工噪音暴露測定資料如下表：

暴露時段	噪音音壓級(SPL, dBA)
上午 8~10 時	79
上午 10~12 時	88
下午 13~15 時	95
下午 15~17 時	92

（一） 請計算該勞工之噪音劑量與八小時日時量平均音壓級（請依據 5 分貝減半率，基準音量 90 分貝，恕限音量 80 分貝）？該勞工之噪音暴露是否超過法規標準？

（二） 請計算均能音量(Leq)。（職業衛生技師）

▶▶ 解答

（一） 大於 80 dBA 才納入計算

$T = \dfrac{8}{2^{\frac{(L-90)}{5}}}$ ，$T_{88} = \dfrac{8}{2^{\frac{(88-90)}{5}}} = 10.56$，

$T_{95} = \dfrac{8}{2^{\frac{(95-90)}{5}}} = 4$ ，$T_{92} = \dfrac{8}{2^{\frac{(92-90)}{5}}} = 6.06$

$Dose = D = \dfrac{2}{10.56} + \dfrac{2}{4} + \dfrac{2}{6.06} = 1.02 > 1$ 超過法規標準

時量平均音量(TWA)= $90 + 16.61 \log 1.02 = 90.14$(dBA)

（二） 均能音量 (Leq)=$10 \log \left(\dfrac{10^{\frac{79}{10}} + 10^{\frac{88}{10}} + 10^{\frac{95}{10}} + 10^{\frac{92}{10}}}{4} \right) = 91.3$(dBA)

🔊 範例十

（一） 何謂 A 特性權衡音壓級(dBA)？

（二） 某工人暴露於三個獨立音源，強度分別為 80 分貝、80 分貝、78 分貝，此三個獨立音源同時響起時，該工人暴露到的總聲音強度為若干？

（三） 某工廠八小時噪音監測結果顯示如下：

時間	該時段時量平均音壓級，TWA
第 0~1 小時	TWA＝90 dBA
第 1~4 小時	TWA＝95 dBA
第 4~8 小時	TWA＝85 dBA

　　請考慮各時量平均音壓級(TWA)相對應之容許暴露時間來計算噪音暴露劑量(D)為多少？（請列式計算、說明）（職業衛生技師）

▶▶ 解答

（一）由於人類耳朵對不同的頻率具不同的感度，故需設計音波濾波器(Filter)來權衡耳朵對聲音感覺之生理敏感度，此種聲音之過濾器，稱之為 A 權衡電網，用以評估人體耳朵對噪音的效應。

（二）總聲音強度

$$L=10 \log \left(10^{\frac{80}{10}} + 10^{\frac{80}{10}} + 10^{\frac{78}{10}}\right)=84.2 \ (dBA)$$

（三）90 dBA、95 dBA、85 dBA 之容許時間分別為 8、4、16 小時，

$$Dose = D = \frac{1}{8} + \frac{3}{4} + \frac{4}{16} = 1.125>1$$ 噪音超過容許暴露標準，暴露劑量為 112.5%。

範例十一

（一）在自由音場中，若某勞工暴露於穩定性噪音環境為 5 小時，以噪音計測定，每 2 分鐘讀取一次並記錄 10 分鐘，結果資料為 87、86、85、87、88 dB，試求該場所噪音之時量平均音壓級為何？

（二）又當日該名勞工另於距離音功率為 0.04 W 之另一穩定性點音源 4.5 米處工作 3 小時，試計算該勞工當日之噪音暴露劑量及 8 小時 TWA，並請以評估該名勞工噪音暴露是否合法。（職業衛生技師）

▶▶ 解答

（一）$$SPL=10 \log \left(\frac{10^{\frac{87}{10}}+10^{\frac{86}{10}}+10^{\frac{85}{10}}+10^{\frac{87}{10}}+10^{\frac{88}{10}}}{5}\right)$$

$$= 10 \log \left(10^{\frac{87}{10}} + 10^{\frac{86}{10}} + 10^{\frac{85}{10}} + 10^{\frac{87}{10}} + 10^{\frac{88}{10}}\right) - 10\log 5$$

$$= 86.7 (dBA)$$

該場所噪音之時量平均音壓級為 86.7(dBA)

（二）常溫常壓下，點音源 $L_I = L_P$

$L_p = L_W - 20 \log r - 11$

$L_p = 10 \log \frac{0.04}{10^{-12}} - 20 \log 4.5 - 11$

$= 10 (10 + 2\log 2) - 20 \log 4.5 - 11$

$= 106 - 20 \times 0.65 - 11 = 81.9 \text{ (dBA)}$

$T = \dfrac{8}{2^{\frac{(L-90)}{5}}}$

$T_{86.7} = \dfrac{8}{2^{\frac{(86.7-90)}{5}}} = 12.5$

$T_{81.9} = \dfrac{8}{2^{\frac{(81.9-90)}{5}}} = 24.6$

1. $\text{Dose} = D = \left(\dfrac{5}{12.5} + \dfrac{3}{24.6}\right) \times 100\% = 0.52 < 1$，
   未超過法規標準

2. 8 小時日時量平均音壓級(TWA)

   TWA=16.61×log(D)+90

   =16.61×log(0.52)+90

   ≅85.3(dB)

3. Dose＝52%＜1 該勞工之噪音暴露劑量符合法規，但該勞工噪音暴露 8 小時日時量平均音壓級 85.3 dBA＞85 dBA，該作業仍屬於特別危害健康作業，因此，雇主應使勞工佩戴防音防護具，如耳塞、耳罩等，以保護勞工之聽力。

範例十二

（一）試推導於半自由音場情況中一音源（聲音功率為 W）的聲音功率位準(L_w)與聲音強度位準(L_I)的關係。

（二）張三站立於某處，其前方 4 公尺、後方 2 公尺、左方 3 公尺、右方 1 公尺處各有一音源，聲音功率分別為 0.01 W、0.02 W、0.016 W、0.012 W，若不考慮任何干擾或吸收等因素，張三站立處之總音壓位準(L_p)理論值為多少分貝？（請利用第一小題推導之公式，假設常溫常壓下 $L_I \fallingdotseq L_p$，答案請取至小數點下一位）

（三）為符合臺灣現行《職業安全衛生設施規則》第 300 條有關噪音音壓位準與工作日容許暴露時間之關係的規定，張三在此處最長可以工作多少時間？（職業衛生技師）

▶▶ **解答**

（一）於半自由音場中，距離輸出功率為 W 之音源 r(m)處的音強度 I

半自由音場，半圓面積為 $2\pi r^2$

音強度 $I = \dfrac{W}{2\pi r^2}$ ，$W = 2\pi r^2 \times I$

兩邊同除 10^{-12}

$$\frac{W}{10^{-12}} = \frac{2\pi r^2 \times I}{10^{-12}}$$

兩邊取 log 值，再乘以 10

$$10\log \frac{W}{10^{-12}} = 10\log 2\pi + 10\log r^2 + 10\log \frac{I}{10^{-12}}$$

$$L_w = 8 + 20\log r + L_I$$

$$L_I = L_w - 20\log r - 8$$

（二） $L_p = L_I = L_W - 20\log r - 8$

$$L_{p1} = 10\log\frac{0.01}{10^{-12}} - 20\log 4 - 8 = 100 - 20 \times 0.602 - 8 = 80$$

$$L_{p2} = 10\log\frac{0.02}{10^{-12}} - 20\log 2 - 8 = 103 - 20 \times 0.301 - 8 = 89$$

$$L_{p3} = 10\log\frac{0.016}{10^{-12}} - 20\log 3 - 8 = 102 - 20 \times 0.47 - 8 = 80.6$$

$$L_{p4} = 10\log\frac{0.012}{10^{-12}} - 20\log 1 - 8 = 100.8 - 0 - 8 = 92.8$$

4 個音源的$L_p = 10\log\left(10^{\frac{80}{10}} + 10^{\frac{89}{10}} + 10^{\frac{80.6}{10}} + 10^{\frac{92.8}{10}}\right) = 95$

（三） $T = \dfrac{8}{2^{\frac{(L-90)}{5}}}$ ， $T_{95} = \dfrac{8}{2^{\frac{(95-90)}{5}}} = \dfrac{8}{2} = 4(\text{hr})$

MEMO

CHAPTER 05

噪音控制（一）
吸音原理與應用

第一節　吸音的認知

第二節　吸音材料選用

第三節　吸音效能評估

第一節 吸音的認知

吸音(sound absorption)乃藉由吸音材料吸收音能，將其轉化為熱能，而達到降低噪音的目的。當音波入射到吸音材料表面時，有一部分音波會反射回去，而另一部分音波則進入材料，進而被吸收而轉化成熱能，如圖 5-1 所示。

一、吸音係數

材料或構造的吸音能力常以吸音係數（absorption coefficient；吸音率；α）表示。其物理上定義為入射音能量強度被吸收所占的比例。吸收係數無單位，其值為 0~1 間，吸音係數越大之材料其吸音效能越好，α 值為 0 時表示完全反射，吸音係數最差；α 值為 1 最好，代表完全被吸收。一般混凝土牆約為 0.02、吸音棉約為 0.7。α 在 0.5 以上的即為理想的吸音材料。吸音係數測試標準包含 CNS 9056（臺灣）、ASTM C423（美國）、ISO 354（歐洲）。

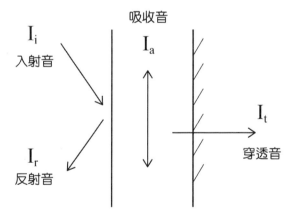

▲ 圖 5-1 入射音、反射音、吸收音與穿透音示意圖

吸音率$\alpha = \dfrac{I_i - I_r}{I_i} = \dfrac{I_a + I_t}{I_i}$

I_i：入射聲音強度(w/m^2)；I_r：反射聲音強度(w/m^2)

I_a：吸收音強度$\left(\dfrac{w}{m^2}\right)$；$I_t$：穿透音強度$\left(\dfrac{w}{m^2}\right)$

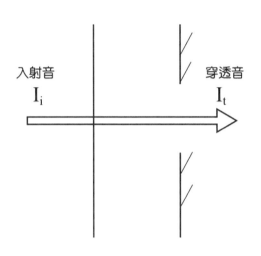

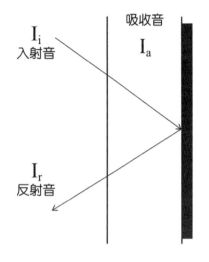

吸音材料有開口，
例如開啟的窗戶時

$I_r = I_a = 0$ ，$I_i = I_t$

$\alpha = \dfrac{I_i}{I_i} = \dfrac{I_t}{I_i} = 1$

α值為 1 代表入射音 100%轉為穿透音，但對開口處而言吸音率為 0

吸音材料後有剛性壁時，

$I_i = I_r$，

$I_t = 0$

$\alpha = \dfrac{I_i - I_r}{I_i} = \dfrac{I_a}{I_i}$

α值以內部消失的能量來決定

例題 1

　　某吸音板以 1000 Hz 頻率入射，入射強度為 1，反射強度為 0.2，透過強度為 0.2，請問吸音係數為多少？並簡易說明吸音特性？

▶▶ **解答**

吸收強度= $1 - 0.2 - 0.2 = 0.6$

$\alpha = \frac{I_i - I_r}{I_i} = \frac{I_a + I_t}{I_i}$

$\alpha = \frac{1 - 0.2}{1} = \frac{0.6 + 0.2}{I_i} = 0.8$

入射強度為一定值，若牆壁之吸音率α越小，則反射強度越大，吸音板之吸音率α一般會隨著入射頻率不同而異。

例題 2

請說明窗戶打開後，該缺口面積吸音率的描述？

▶▶ **解答**

1. 該缺口面積吸音率為 0

2. 窗戶吸收能量為 0

3. 窗戶透音量為 1

二、吸音係數測定

（一）殘響時間(Reverberation Time)

殘響時間是聲音在封閉區域「消失」所需的時間。封閉區域中的聲音會反覆反射，如地板、牆壁、天花板、窗戶或桌子等反射表面。當這些反射音相互混合時，會產生一種稱為殘響的現象。

殘響時間測量用於估算聲音「消失」的時間。也就是說，聲壓要降低到一個預定值。RT_{60} 是標準的殘響時間測量，定義為聲壓級從測試訊號突然結束的時刻開始減少 60 dB 所需的時間。如圖 5-2 所示。

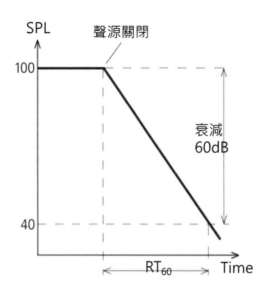

▲ 圖 5-2　殘響時間示意圖

（二）吸音力(sound absorbent power; A)

吸音力又稱為室吸收(Room Absorption)，為空間內某一區域面積的吸音能力，為吸音面積乘上吸音係數，吸音力單位稱為沙賓，為面積之單位。

$$A = \sum_{i=1}^{i=n} S_i \times \alpha_i = S_1\alpha_1 + S_2\alpha_2 + \cdots\cdots + S_n\alpha_n = S \times \bar{\alpha}$$

$$\bar{\alpha} = \sum_{i=1}^{i=n} S_i \times \frac{\alpha_i}{S}$$

式中 A：吸音力(m^2)

S　：吸音材料總表面積

$\bar{\alpha}$：區域面積之平均吸音係數

S_i　：各吸音材料表面積

$\alpha_1 \cdot \alpha_2 \ldots\ldots \alpha_n$：不同材料之吸音率

（三）吸音係數測定

吸音係數的估算是在殘響室內測定殘響時間後，再依沙賓公式求得總吸音力 A。

$RT_{60} = \dfrac{0.161 \times V}{A}$ $RT_{60} = \dfrac{0.161 \times V}{S \times \bar{\alpha}}$（沙賓公式） $\bar{\alpha} = \dfrac{0.161 \times V}{S \times RT_{60}}$	在殘響室放置吸音材料與不放置吸音材料時，測定其殘響時間分別以 T_1；T_0 表示，則其吸音率α則由下式可估算。 $\alpha = \dfrac{0.161 \times V}{S}\left(\dfrac{1}{T_1} - \dfrac{1}{T_0}\right)$
RT_{60}：殘響時間（sec）　　V：吸音室的體積（m³） S：吸音室的面積（m³）　$\bar{\alpha}$：平均吸音係數	

例題 3

某一房間之面積大小為 40 ft×70 ft，高為 12 ft。對 1000 Hz 的有效平均吸音係數為：地板α＝0.1、天花板α＝0.7、牆壁α＝0.2。試問該房間的平均吸音係數(Average Absorption Coefficient)為何？（職業衛生技師）

▶▶ 解答

$A = \sum_{i=1}^{i=n} S_i \times \alpha_i = S_1\alpha_1 + S_2\alpha_2 + \cdots\cdots + S_n\alpha_n = S \times \bar{\alpha}$

$S = \sum_{i=1}^{i=n} S_i$：空間總表面積

$40 \times 70 \times 0.1$(地板) $+ 40 \times 70 \times 0.7$(天花板)

$+40 \times 12 \times 2 \times 0.2$(短牆面) $+ 70 \times 12 \times 2 \times 0.2$(長牆面)

$= (40 \times 70 \times 2 + 40 \times 12 \times 2 + 70 \times 12 \times 2) \times \bar{\alpha}$

平均吸音係數 $\bar{\alpha} = 0.336$

第二節 吸音材料選用

　　吸音材料依吸音原理可分為多孔性材料、開孔板材料及板狀材料，表 5-1 為一些常用吸音材料的分類。

★ 表 5-1　常用吸音材料分類

吸音特性	多孔性材料	開孔板材料	板狀材料
吸音原理	空氣粒子於細孔內與纖維材料摩擦，產生阻力而使音能轉換為熱能。	當入射波的頻率與板內結構體之自然頻率相同時，發生共振現象，此時空氣因共鳴而產生巨大振動，因而增加摩擦力，使機械能轉換為熱能。	吸音板材內部摩擦或安裝角材附近的摩擦均會造成音能的損失。構造後方常留有較大空腔受音時會振動，當入射音頻率與板狀吸音構造的自然頻率相同時，其能量損失最大。
圖示			
主要吸音域	中高音域	中音域	低音域
吸音特性	· 材料越厚或者增加背後空氣層厚度，其低音域之吸音率越大 · 增加背後空氣層厚度，低音域的吸音率增大 · 材料密度與吸音率無關	· 由孔徑，板厚，背面空氣層等所決定的共振頻率處的吸音率最大 · 孔隙填入多孔質材料，吸音率的尖峰值提高 · 開孔率增大時，吸音之幅度增廣	· 板材構造其共振頻率介於 100~200Hz，吸音率約 0.3~0.5 · 板材構造中的空氣層部分或全部充填多孔質材料時，會增加吸音率 · 板之共振頻率處吸音率最大

★ 表 5-1　常用吸音材料分類（續）

吸音特性	多孔性材料	開孔板材料	板狀材料
代表性材料	玻璃棉、發泡塑膠、礦棉、噴吹石綿、木屑、輕質混泥土磚、毛毯、水泥板。	開孔石膏板、開孔石綿水泥板、開孔膠合板、開孔金屬板、金屬網、開孔硬木板。	石膏板、石綿水泥板、硬質纖維板、塑膠板、膠合板、三夾板。

第三節　吸音效能評估

一、吸音力與防噪效能

（註：吸音力與防噪效能公式推導，初學者僅需了解公式運用即可）

1. 室內音場由自由音場與反射音場所組成，其數學關係式如下：

$$L_I = L_W + 10 \log A = L_W + 10 \log(\frac{Q}{4\pi r^2} + \frac{4}{R})$$

式中　Q：為方向係數　　r：為球體半徑

$\frac{Q}{4\pi r^2} + \frac{4}{R}$：室內音場之吸音力

R：為室常數 $= \dfrac{S \times \bar{\alpha}}{1 - \bar{\alpha}}$

（註：室常數與房間表面積之平均吸音係數有關）

2. 於反射音場中，

因為(1) $\bar{\alpha} \cong 0$，因此 $R \cong S \times \bar{\alpha}$

(2) $\dfrac{4}{R} \gg \dfrac{Q}{4\pi r^2}$

因此 $L_I = L_W + 10 \log(\frac{Q}{4\pi r^2} + \frac{4}{R})$

$\cong L_W + 10 \log \frac{4}{R} = L_W + 10 \log \frac{4}{S \times \bar{\alpha}}$

3. 以吸音材料進行噪音控制時，當選用吸音係數較高之材料時，其防噪
   效能也提高

   $L_{I1} = L_W + 10 \log \frac{4}{S \times \bar{\alpha}_1}$

   $L_{I2} = L_W + 10 \log \frac{4}{S \times \bar{\alpha}_2}$

   因為 $\bar{\alpha}_2 > \bar{\alpha}_1$

   減少之噪音量 $\Delta L = L_{I2} - L_{I1}$

   $= 10 \log(\frac{S \times \bar{\alpha}_1}{S \times \bar{\alpha}_2}) = 10 \log(\frac{A_1}{A_2}) = 10 \log(\frac{\bar{\alpha}_1}{\bar{\alpha}_2})$

例題 4

　　某作業場所機械設備噪音以吸音方式處理，廠內目前平均吸音係數
為 0.1，需進行改善：

(1) 若將廠內平均吸音係數提高為 0.3，則作業環境可降低多少 dB？

(2) 若需降低 6 dB 以符合法規，則吸音係數需提高為多少？

▶▶ 解答

(1) 作業環境可降低量 $\Delta L = L_{I2} - L_{I1}$

   $= 10 \log(\frac{S \times \bar{\alpha}_1}{S \times \bar{\alpha}_2}) = 10 \log(\frac{A_1}{A_2})$

   $= 10 \log(\frac{\bar{\alpha}_1}{\bar{\alpha}_2}) = 10 \log(\frac{0.1}{0.3}) = -4.77$ (dB)

(2) $\Delta L = 10 \log(\frac{\bar{\alpha}_1}{\bar{\alpha}_2}) = 10 \log(\frac{0.1}{\bar{\alpha}_2}) = -6$ (dB)

   提高之吸音係數 $\bar{\alpha}_2 = \frac{0.1}{10^{-0.6}} = 0.398 \cong 0.4$

二、噪音減少係數

噪音減少係數又稱降噪係數(Noise Reduction Coefficient, NRC)，用於評估吸音材料性能之一。吸音材料之吸音係數（率）在不同頻率均不相同，為能簡易評估其效能，因此定義吸音材料 250 Hz、500 Hz、1,000 Hz、2,000 Hz 之吸音係數求取算數平均數而成為降噪係數，其大小與材料本身的性質、材料的厚度及材料的安裝方法（背後有無中空、中空的厚度）等均有密切關係。

$$NRC = \frac{\alpha_{250} + \alpha_{500} + \alpha_{1000} + \alpha_{2000}}{4}$$

如表 5-2 所示，材料 1 與材料 2 有相同的降噪係數(0.75)，但材料 1 對於低頻(125 Hz)及材料 2 對於高頻(4000 Hz)，則有顯著的吸音能力，於評估選用時，應納入考慮。

$$NRC1 = \frac{0.75 + 0.82 + 0.8 + 0.62}{4} = 0.75$$

$$NRC2 = \frac{0.39 + 0.78 + 0.99 + 0.82}{4} = 0.75$$

★ 表 5-2　不同吸音材料在噪音頻率變化下有不同的吸音能力

吸音材料	125 Hz	250 Hz	500 Hz	1,000 Hz	2000 Hz	4000 Hz
材料 1	0.60	0.75	0.82	0.80	0.62	0.38
材料 2	0.32	0.39	0.78	0.99	0.82	0.88

以吸音方式降低噪音主要包括對噪音源的控制和吸音材料的應用兩方面，物體大都具有吸音效果，但只有較強吸音能力的材料或結構，才可作為吸音材料(sound-absorbing material)或吸音結構(sound-absorbing structure)，進而作為噪音改善之用。對於噪音源的控制主要是運用阻尼減振材料(damping material) 來減小噪音的產生或者降低產生噪音的強度。

考題解析

一、單選題

（ 4 ）1. 下列何者非屬噪音工程改善之原理？ (1)減少振動 (2)隔離振動 (3)以吸音棉減少噪音傳遞 (4)防護具使用 （乙職）

（ 3 ）2. 下列何者不屬源頭管制之方法？ (1)研磨機安裝集塵裝置 (2)指定吸菸區 (3)天花板採用吸音材 (4)高溫爐採用隔熱材 （職業安全管理師）

（ 3 ）3. 下列何者非屬噪音的作業環境改善設施？ (1)加裝噪音吸音裝置 (2)裝置消音器於噪音源 (3)人員佩戴防音防護具 (4)封閉噪音源 （乙級物性環測）

（ 4 ）4. 吸音材料面積 6 平方公尺，吸音係數為 0.5，該吸音材料之音吸收（吸音力）為多少米沙賓(metricsabins)？ (1)30 (2)60 (3)65 (4)3 （甲級物性環測）

　▲ 說明

　　吸音力＝吸音材料面積×吸音係數

（ 1 ）5. 某吸音材料在各八音度頻帶的吸音率分別為：0.2(125 Hz)，0.4(250 Hz)，0.6(500 Hz)，0.7(1 kHz)，0.7(2 kHz)，0.8(4 kHz)：請問此一吸音材料的 NRC 值為多少？ (1)0.6 (2)0.7 (3)0.55 (4)0.5 （甲級物性環測）

　▲ 說明

　　NRC 是 250、500、1,000、2,000 四個頻率的吸音率的算術平均值 NRC = (0.4+0.6+0.7+0.7)/4=0.6

（4）6. 吸音材料之噪音減少係數(NRC)係以材料在 250、500、1,000、2,000(Hz)吸音係數　(1)和　(2)加權平均　(3)幾何平均　(4)算術平均　方式表示　　　　　　　　　　　　（甲級物性環測）

（3）7. 合板或石膏板之吸音材料，會在共鳴頻率部分產生較大的吸音率。此共鳴頻率約為多少赫？　(1)1,000~2,000　(2)2,000~4,000　(3)100~200　(4)880~1,000　（甲級物性環測）

　　▲ 說明：板材構造其共振頻率介於 100~200 Hz，吸音率約 0.3~0.5

（1）8. 下列有關多孔質吸音材之吸音性能說明，何者為誤？　(1)頻率愈高，吸音率愈小　(2)空氣空間可提高低頻之吸音效果　(3)空氣空間的厚度愈大，吸音率愈大　(4)材料愈厚，吸音率愈大　　　　　　　　　　　　　　　　　　　　　　　（甲級物性環測）

　　▲ 說明：吸音率與頻率無關

（3）9. 窗戶開啟後，該缺口面積之吸音率為？　(1)0.5　(2)0.25　(3)0　(4)1.0　　　　　　　　　　　　　　　　　　　　（甲級物性環測）

（1）10. 以樹脂將交錯的玻璃纖維束縛在一起，形成一個彈性、低密度的結構體，為一良好的　(1)吸音材料　(2)遮音材料　(3)阻尼材料　(4)振動材料　　　　　　　　　　　　　（甲級物性環測）

（1）11. 噪音控制採多孔板主要用於下列何種用途？　(1)吸音材料　(2)遮音材料　(3)消音器　(4)反射材料　　　　　（甲級物性環測）

二、複選題

（1.2.4）　1. 對於殘響室特性，下列何者敘述正確？　(1)接近擴散音場　(2)內部能量均勻分布　(3)殘響時間係指衰減 70 dB　(4)殘響時間係指衰減 60 dB　　　　　　　　　　　（甲級物性環測）

（3.4） 2. 有關噪音測定，下列何者正確？ (1)濕度不至影響噪音計之測定結果 (2)測定由機械運轉產生的噪音時，不易受到電磁波影響 (3)對噪音有吸音、反射等影響時，微音器距牆壁等反射物至少 1 m 以上 (4)風速超過 10 m/s 測定時，微音器應使用防風罩 （甲級物性環測）

（1.3.4） 3. 對於吸音材料之吸音率(a)，下列敘述何者正確？ (1)a 介於 0~1 (2)a＝0 表示全吸收 (3)a＝0 表示全反射 (4)a 值與音源入射角有關 （職業安全管理師、甲級物性環測）

（1.2） 4. 一般多孔材料吸音特性，下列敘述何者正確？ (1)隨頻率變大而增加吸音 (2)隨材料厚度增加而增加吸音 (3)隨材料厚度增加而降低吸音 (4)隨頻率變大而降低吸音 （甲級物性環測）

（1.2.3.4） 5. 吸音材料的噪音減少係數(noise reduction coefficient)，是下列哪幾個頻率吸音率之算術平均值？ (1)1,000 Hz (2)2,000 Hz (3)500 Hz (4)250 Hz （甲級物性環測）

三、計算與問答題

 範例一

噪音傳播路徑控制除遮音外，吸音(absorption)亦為一重要控制方法。試定義何謂吸音係數(absorption coefficient)？如何求取一吸音材料之吸音係數？常用的吸音材料又可分為那三種？（職業衛生技師）

▶▶ 解答

（一）吸音率α(absorption coefficient)是指入射音強度經過材料結構吸收或穿透後，使其反射音強度減小的程度，亦即對於入射音的能量

而言，聲音能量被吸收強度所占的比例，其主要是將音能轉換成熱能。吸音係數(α)可定義為

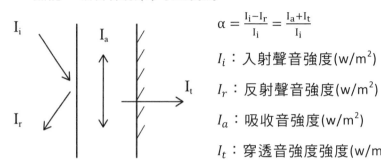

$$\alpha = \frac{I_i - I_r}{I_i} = \frac{I_a + I_t}{I_i}$$

I_i：入射聲音強度(w/m^2)

I_r：反射聲音強度(w/m^2)

I_a：吸收音強度(w/m^2)

I_t：穿透音強度強度(w/m^2)

吸音率越大之材料其吸音效果越好，

α值為 0 時表示完全反射，α值為 1 代表完全被吸收。

（二）吸音係數的估算是在迴響室內測定迴響時間（音壓級減少 60 dB 所需的時間）後，再依公式求得總吸音力 A。

$$(\text{Reverberation Time}) \; RT_{60} = \frac{0.161 \times V}{A}$$

$$A = S_1\alpha_1 + S_2\alpha_2 + \cdots\cdots + S_n\alpha_n = \sum_{i=1}^{i=n} S_i \times \overline{\alpha}$$

上式中 RT：回響時間 (sec)

V：回響室體積 (m^3)　A：為總吸音力(m^2)

$\overline{\alpha}$：平均吸音係數　　S_i：各吸音材料表面積

$\alpha_1 \cdot \alpha_2 \ldots\ldots \alpha_n$：為不同材料之吸音率

（三）常用之吸音材料如表

種類名稱	主要吸音特性	代表性材料
多孔性材料	本身具有質輕且對中高頻音吸收良好，通常留有空氣層還可以吸收部分低頻音。	玻璃棉、發泡塑膠、礦棉、噴吹石綿、木屑、輕質混泥土磚、毛毯、水泥板。

種類名稱	主要吸音特性	代表性材料
板狀材料	因為後方常留有較大空腔，可產生共振吸音現象，對低頻音吸收較有效。	石膏板、石綿水泥板、硬質纖維板、塑膠板、膠合板、三夾板。
開孔板材料	一般吸收中頻音，若配合多孔性材料使用則可以吸收中高頻音，留有空腔還可以吸收部分低頻音。	開孔石膏板、開孔石綿水泥板、開孔膠合板、開孔金屬板、金屬網、開孔硬木板。

 範例二

　　吸音材料貼附於剛性壁上，目的在使反射音量降低，如圖及符號說明：

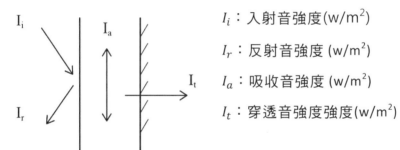

I_i：入射音強度(w/m^2)

I_r：反射音強度 (w/m^2)

I_a：吸收音強度 (w/m^2)

I_t：穿透音強度強度(w/m^2)

（一）請推導公式在剛性壁情況時，吸音率 $\alpha = \dfrac{I_i - I_r}{I_i}$ 可寫成 $\dfrac{I_a}{I_i}$。

（二）請應用（一）之公式，若入射音強度位準為 90 dB，吸音率為 0.94。請問被吸收音強度為若干 W/m^2？（職業衛生技師）

▶▶ 解答

（一）吸音是指入射音強度經過材料結構吸收或穿透後，使其反射音強度減小的程度，其主要是將音能轉換成熱能。吸音係數(α)可定義為 $\alpha = \dfrac{I_i - I_r}{I_i} = \dfrac{I_a - I_t}{I_i}$，吸音材料貼附於剛性壁上時，$I_t = 0$

　　吸音係數 $\alpha = \dfrac{\text{吸收音強度}}{\text{入射音強度}} = \dfrac{I_i - I_r}{I_i} = \dfrac{I_a - 0}{I_i} = \dfrac{I_a}{I_i}$

（二） 依題意 $90 = 10 \log \frac{I_i}{10^{-12}}$ ， $I_i = 0.001 (w/m^2)$

$\alpha = 0.94 = \frac{吸收音強度}{入射音強度} = \frac{I_a}{I_i} = \frac{I_a}{0.001}$

$I_a = 0.94 \times 0.001 = 9.4 \times 10^{-4} \ (w/m^2)$

範例三（空間平均吸音係數計算）

吸音為噪音控制之重要手段之一，請回答以下問題：

（一） 何謂吸音係數(α；absorption coefficient)？

（二） 何謂室吸收(A；room absorption)？

（三） 若作業場所在設置吸音材料之施工前後，其室吸收分別為 A1 及 A2，試問施工後減少多少音壓位準(ΔL)？（職業衛生技師）

▶▶ 解答

（一） 吸音係數（absorption coefficient；吸音率α）指入射音強度經過材料結構吸收或穿透後，使其反射音強度減小的程度，亦即對於入射音的能量而言，聲音能量被吸收強度所占的比例，其主要是將音能轉換成熱能。吸音係數(α)可定義為

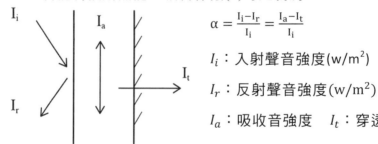

$\alpha = \frac{I_i - I_r}{I_i} = \frac{I_a - I_t}{I_i}$

I_i：入射聲音強度(w/m^2)

I_r：反射聲音強度(w/m^2)

I_a：吸收音強度　　I_t：穿透音強度強度

吸音率越大之材料其吸音效果越好，

α值為 0 時表示完全反射，

α值為 1 代表完全被吸收。

（二）室吸收(A；room absorption)

　　室吸收以 A 表示，若室內牆壁及天花板的表面積以 S 表示，則

　　　$A = S_1\alpha_1 + S_2\alpha_2 + \cdots\cdots + S_n\alpha_n = \sum_{i=1}^{i=n} S_i \times \bar{\alpha}$

　　其中，α_1、α_2 …… α_n：為不同材料之吸音率

　　$\bar{\alpha}$：平均吸音係數

　　$\sum_{i=1}^{i=n} S_i$：空間總表面積

（三）降低$\Delta L(dB)$前的室內聲音總吸收 A1

　　降低$\Delta L(dB)$後的室內聲音總吸收 A2

　　則噪音降低量$\Delta L(dB)= 10\log(\frac{A_1}{A_2})$

 範例四

　　某工作房長、寬及高均為 10 呎，其地面、天花板及牆在 500 Hz 之吸音係數(α)均為 0.05，今如以在 500 Hz 之吸音係數為 0.7 的吸音材裝在天花板上，則該房間在 500 Hz 之噪音降低量為多少？（職業衛生技師）

▶▶ 解答

　　室吸收　$A = \sum S_i \times \alpha_i$

　　$A_1 = 10 \times 10 \times 0.05 \times 6 = 30$

　　$A_2 = 10 \times 10 \times 0.05 \times 5 + 10 \times 10 \times 0.7 = 95$

　　該房間在 500Hz 之噪音降低量

　　$\Delta L(dB)= 10\log(\frac{A_1}{A_2})=10\log(\frac{30}{95})= -5$ (dB)

範例五

一房間之音量為 85 分貝，其室內牆壁及裝修材料之吸音係數 (absorption coefficient；α)為 0.03，在四周牆面進行吸音處理，使其吸音係數增加為 0.68，則該室內音量會降至多少分貝？（職業衛生技師）

▶▶ **解答**

降低ΔL(dB)前的室內聲音總吸收 A1＝表面積Ⅹ0.03

降低ΔL(dB)後的室內聲音總吸收 A2＝表面積Ⅹ0.68

則噪音降低量＝吸音量＝ΔL(dB)

$= 10\log\frac{A_1}{A_2}$

$=10\log\frac{0.03}{0.68}$

$=10\log0.044 = -13.56$

$85 - 13.56 = 71.44$

室內音量會降至約 71.44(dB)

CHAPTER 06

噪音控制（二）
遮音原理與應用

第一節　遮音的認知

　　利用厚重材料（如構件、結構或系統）來阻隔噪音的傳遞，使通過材料後噪音能量減小的方法。高密度、無孔隙之隔音屏障用來限制或阻擋空氣音從材料的一側傳遞到另一側，這種設置直接阻隔聲音或增厚牆壁來減少聲音的傳送都稱為遮音或隔音(sound insulation)。

一、穿透損失

　　穿透損失（或稱透過損失 Transmission Loss；TL）是入射音與透過音的強度差，亦即材料本身所能隔絕的噪音量，用來判定材料隔音性能之好壞，以 dB 為單位。入射音、反射音、吸收音與穿透音示意如圖 6-1 所示。當入射音壓位準為 100 dB，穿透音的音壓位準為 80 dB 時，穿透損失 TL= 100−80 = 20 (dB)。穿透損失越大，表示遮音性能越強，效果越好。

　　穿透損失隨著遮音材料本身的性質、入射音頻率及入射角度等而異。又分垂直入射穿透損失及非垂直入射穿透損失，一般所稱的穿透過損失是指非垂直入射的穿透損失。

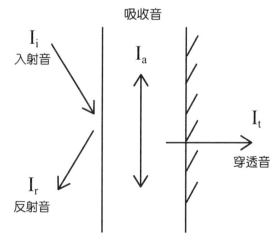

▲ 圖 6-1　入射音、反射音、吸收音與穿透音示意圖

穿透係數$\tau = \frac{I_t}{I_i}$

穿透損失$TL = 10\log\frac{1}{\tau} = 10\log\frac{I_i}{I_t}$

$= 10log\frac{\frac{I_i}{I_0}}{\frac{I_t}{I_0}} = 10\log\frac{I_i}{I_0} - 10\log\frac{I_t}{I_0} = L_1 - L_2 (dB)$

式中

I_t：透過音強度(w/m^2)；I_i：入射音強度(w/m^2)

二、質量法則

質量法則(Mass Law)用於決定聲音穿透一隔音材料的損失，計算公式如下：

非垂直入射透過損失$=TL = 18\ log(f×m) - 44(dB)$

垂直入射透過損失$=TL_0 = 20\ log(f×m) - 42.5(dB)$

TL：非垂直入射透過損失(dB)

TL_0：垂直入射透過損失(dB)

f：入射音頻率(Hz)

m：均質板面密度(kg/m^2)

若牆面重量加倍或噪音頻率加倍時，則其透過損失增加分別說明如下：

非垂直入射透過損失增加

$$\Delta TL = TL_2 - TL_1 = 18\log\frac{2(f \times m)}{f \times m} = 18\log2 \cong 5.4\ (dB)$$

垂直入射透過損失增加

$$\Delta TL = TL_2 - TL_1 = 20\log\frac{2(f \times m)}{f \times m} = 20\log2 \cong 6\ (dB)$$

三、均質化穿透係數與總穿透損失

不同隔音材料與分別對應的面積所組合之遮音材料的均質化穿透係數(τ_{eq})，其計算公式如下：

定義：均質化穿透係數 $\tau_{eq} = \frac{\sum \tau_i s_i}{\sum s_i} = \sum_{i=1}^{i=n} \frac{\tau_i \times S_i}{S}$

τ_i：個別材質之穿透係數

s_i：個別材質之所對應之面積

S：總吸音面積

則均質化後之總穿透損失

$\overline{TL} = 10 \log \frac{1}{\tau_{eq}} = 10\log(\frac{\sum S_i}{\sum \tau_i s_i}) = 10\log(\frac{S}{\sum \tau_i s_i})$

例題 1

有一牆面包含 $10 \ m^2$ 的水泥牆（穿透損失為 52 dB）及 $2 \ m^2$ 的實心門（穿透損失為 17 dB），請計算該牆面之整體穿透損失為多少？並評估該牆面之遮音效果。

▶▶ 解答

(1) $S_{牆} = 10m^2$，$S_{門} = 2m^2$，$S = S_{牆} + S_{門} = 12 \ m^2$

$TL_{牆} = 52dB$，$TL_{門} = 17dB$

因穿透損失 $TL = 10\log \frac{1}{\tau}$，

$\tau = 10^{-0.1TL}$

故 $\tau_{牆} = 10^{-0.1TL_{牆}} = 10^{-0.1 \times 52} = 10^{-5.2}$

$\tau_{門} = 10^{-0.1TL_{門}} = 10^{-0.1 \times 17} = 10^{-1.7}$

均質化穿透係數 $\tau_{eq} = \frac{\sum \tau_i s_i}{\sum s_i} = \sum_{i=1}^{i=n} \frac{\tau_i \times S_i}{S}$

$\tau_{eq} = \frac{10^{-5.2} \times 10 + 10^{-1.7} \times 2}{12} \approx 24.8 \ (dB)$

(2) 該牆於水泥牆之穿透損失達 52 dB，門之穿透損失只有 17 dB，導致整體之穿透損失下降到約 25 dB，對於整體遮音效果大幅降低，因此，若欲改善此狀況，應改選用穿透損失較大的門予以組合，提高整體的穿透損失以達到遮音的效果。

第二節 穿透損失測定

一、穿透損失估算

　　利用一間為音源室，一間為受音室之相鄰兩殘響室，在二間殘響室交界處安裝待測穿透損失之材料。如圖 6-2 所示。由音源室發出聲音，隨機入射於受測材料，測定其音壓級 L1(dB)，另外在音源室藉材料的振動，而將聲音傳遞至受音室，測定其音壓級 L2(dB)。依下式來估算穿透損失。

$$TL = L_1 - L_2 + 10log\frac{S_x}{A}$$

S_x：受測材料面積(m^2)

A：受音室的吸音力(m^2)= $S \times \bar{\alpha}$

S：受音室的表面積(m^2)

$\bar{\alpha}$：受音室的平均吸音率

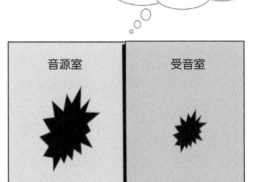

▲ 圖 6-2　穿透損失測定示意圖

例題 2

一道穿透損失為 32 dB，面積為 30m×20m 的隔音牆，分隔相鄰的兩間房，兩間房皆為反射音場，音源室的噪音量為 110 dB，受音室的室常數(Room constant)為 2000 m^2，請估算受音室之音壓為準約為多少 dB？

▶▶ 解答

$TL = L_1 - L_2 + 10 log \frac{S_x}{A}$

S_x：受測材料面積(m^2) = 30m × 20m = 600m^2

受音室的室常數 $R = \frac{S \times \bar{\alpha}}{1 - \bar{\alpha}}$

因受音室為反射音場，故 $\bar{\alpha} \cong 0$

受音室的室常數 $R = 2000(m^2) = \frac{S \times \bar{\alpha}}{1 - \bar{\alpha}} \cong S \times \bar{\alpha} = A$（吸音力）

$TL = L_1 - L_2 + 10 log \frac{S_x}{A} = L_1 - L_2 + 10 log \frac{S_x}{R}$

$32 = 110 - L_2 + 10 log \frac{600}{2000}$

$L_2 = 110 - 32 + 10 log \frac{600}{2000}$

$L_2 \cong 73 \ (dB)$

二、隔音材料耦合效應

隔音材料形狀大都為面狀、板狀結構，板面會有波浪狀的振動產生，形成共振現象，此種彎曲振動有其特定的頻率，當入射音以不同角度入射到隔音板材上時，若是入射音在板上投影的波長和隔音板材其彎曲振動波長一致時便會產生共振，板材振動變大時，隔音量會下降（穿透損失變小），此種現象稱之為耦合效應(coincidence effect)。如圖 6-3 所示。

板材彎曲振動的頻率和隔音材料的材質、厚度、密度等參數都有關係，故每種隔音板材其彎曲振動頻率都不相同。圖 6-4 為相同面密度下

不同材料的透過損失相對於入射音頻率的潛勢圖，圖中的斜線段符合先前所述質量定律的特性，即頻率增加一倍，透過損失增加 6 dB，然而斜線到達某一個區域時，穿透損失值先下降再上升，此段區域的透過損失值的減少就是隔音板材耦合效應所導致。

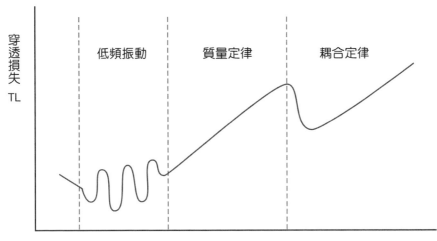

▲ 圖 6-3　耦合效應發生頻率與穿透損失關係圖

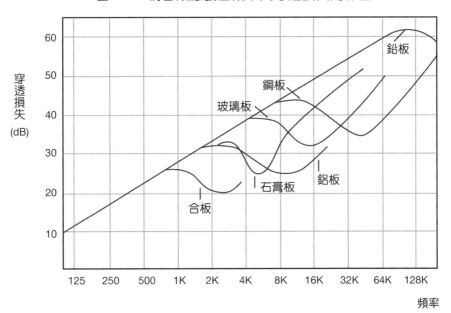

▲ 圖 6-4　不同材料的透過損失相對於入射音頻率的潛勢圖

如圖 6-4 所示，一般人講話的頻率範圍約在 250~4 kHz 間，因此，有時候會覺得合板、石膏板此類板材隔音效果較差，並非因板面密度不足，而是它們的耦合效應發生的頻率範圍較低的關係。當在 6 kHz 時，石膏板穿透損失值比鋼板低約 15 dB，但在 32 kHz 時（鋼板耦合效應區），石膏板的穿透損反而比鋼板高出約 15 dB。

另一個現象為相同面密度的材料，密度越高的材料如鋼板、其耦合效應的頻率區域越高，已超過人耳聽力範圍(20~20 kHz)，此時耦合效應所造成穿透損失值降低的現象對隔音應用來說並沒有影響。在應用上，玻璃業者採用不同厚度的玻璃來製造膠合玻璃，主要是不讓兩塊玻璃的有相同的共振頻率，以減少共振所產生耦合效應造成的隔音性能損失。

第三節 遮音材料選用

遮音材料依其遮音的機制可分為均質板、中空板及三明治板等三類，其種類、遮音特性與代表性材料如表 6-1 所示。

▲ 表 6-1　遮音材料種類、特性與代表性材料

種類	遮音特性	代表性材料
均質板	· 當音能入射至均質板時，對板施以壓縮和拉張的反覆外力而使板振動，板的振動又使板背面附近的空氣振動，而產生對應於振動速度的聲音，此即穿透音。 · 選擇透過損失大的板材，即可大大減少穿透音，而達到遮音的效果。	積層板、合板
中空板	· 兩均質板間預留空氣層（其作用類似彈簧）形成中空板，中空板的隔音效果比單層的均質板高，但必須注意的是兩層板間不可剛性連接。	二均質板中間設有空氣層，猶如空氣彈簧

▲ 表 6-1　遮音材料種類、特性與代表性材料（續）

種類		遮音特性	代表性材料
中空板（續）		・入射音頻率與中空板的自然頻率相同時，會引起板的共振，使得穿透損失低於質量律的值，稱為低音域共鳴透過。 ・入射音頻率大於中空板的自然頻率時，空氣彈簧有防振效果，使得穿透損失大於質量律的值。	
三明治板	多孔材三明治	多孔材三明治構造之遮音特性曲線，其穿透損失要比一般中空板來得大，約多 3~10 dB 左右。	中空板內空氣層充填多孔材
	彈性材三明治	彈性材三明治構造之遮音特性曲線，其穿透損失減少，大都在低頻域由中空板自然頻率所造成，其頻率範圍較中空板範圍為大。	中堂板內空氣層充填發泡材
	剛性材三明治	剛性材三明治板材遮音特性曲線，其耦合效應因所接著阻尼之故，導致之穿透過損失之降低曲線谷深減少而頻率寬度大。	中空板內空氣層加入剛性角材以表面材料接著
	蜂巢材三明治	蜂巢型三明治構造之遮音特性曲線，其穿透損失幾不隨頻率的改變而改變，且穿透損失值也較質量律的值低。	中空板內空氣層加入蜂巢狀材以表面材接著

第四節　隔音牆設計

一、規劃考量因素

　　隔音牆（防音牆）是在音源或受音點附近，以屏障、牆壁或建築物來防止聲音傳送到音源的對側，降低噪音量。設置隔音牆，於規劃時需考量隔音牆的長度、高度與板材密度等，說明如下，考量因素示意如圖 6-5 所示。

（一）長度(L)

為避免噪音繞射降低隔音效果，牆體長度必須大於音源至牆體間距離(X)的四倍。(L ≥ 4X)

（二）高度(H)

考量受音者站立之高度，牆體高度不得低於 4 公尺，若受音者作業位置提高時，遮音體之高度亦需修正升高。(H ≥ 4m)

（三）密度(D)

牆體密度必須大於 $20kg/m^3$，密度越大，遮音的效果越佳。

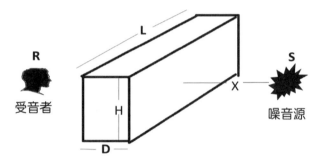

▲ 圖 6-5　隔音牆設計規劃考量因素示意圖

二、隔音牆效能估算

隔音牆對於音源的遮音效果估算時，可將音源視為點音源或平行於防音牆無限長的線音源。音源 S 傳送聲音至受音點 R 的場合，防音牆的頂點 O，和音源 S、或和受音點 R 的連線長度分別為 A、B，音源和受音點直接連接長為 C，兩種長度的差ΔL=A+B－C 隔音牆效能估算時，相對位置示意如圖 6-6 所示。

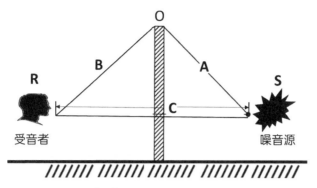

▲ 圖 6-6　隔音牆效能估算相對位置示意圖

無因次佛瑞斯諾常數(fresnel number)N 的定義為

$$N = \frac{\Delta L}{\lambda/2} = \frac{A + B - C}{\lambda/2}$$

因 $C = f \times \lambda = 340$，$\lambda = \frac{340}{f}$ 代入上式

$$N = \frac{\Delta L \times f}{170}$$

　　N 為頻率(f)之函數，ΔL一定，亦即防音牆的高度與音源與受音者相對位置固定時，隔音牆效益說明如下：

1. 頻率越高或波長越小則 N 值變大，隔音量也大，亦即隔音牆對於高頻音源有較佳的隔音效果。

2. 波長一定，即頻率一定時，ΔL越大，即牆高度越高，隔音量越大。

3. 可藉由無因次佛瑞斯諾常數(fresnel number) N 與穿透損失的對數圖查得穿透損失（隔音量），如圖 6-7 所示。

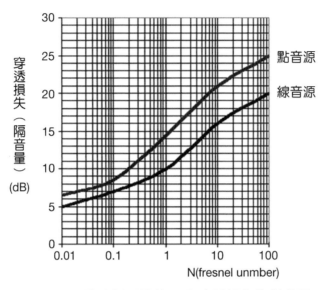

▲ 圖 6-7　佛瑞斯諾常數 N 與穿透損失的對數圖

例題 3

　　有一頻率為 1000 Hz 之噪音源，噪音與受音者相對位置如圖所示，今欲建一隔音牆使受音者所受之噪音干擾減少 15 分貝，請問此隔音牆需建多高以符合遮音效益？（已知音速為 340 m/sec，減少 15 分貝所對應之佛瑞斯諾常數 N 等於 4）

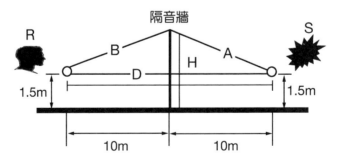

▶▶ 解答

$$\lambda = \frac{c}{f} = \frac{340}{1000} = 0.343\ (m)$$

$$N = \frac{\Delta L}{\lambda/2} = \frac{A+B-C}{\lambda/2} = 4$$

$$A + B - C = 0.686$$

$$A + B = 0.686 + C = 20.686$$

$$A = B = 10.343$$

$$A^2 = (H - 1.5)^2 + 10^2$$

$$10.343^2 = (H - 1.5)^2 + 10^2$$

隔音牆高度 $H \cong 4.14\ (m)$

第五節　遮音效能評估

　　遮音材料之效能評估主要量測在不同頻率的傳送損失，常以平均穿透損失或聲音穿透等級(Sound Transmission Class, STC)表示。

一、平均穿透損失

　　平均穿透損失是將 125~4000 Hz 頻率範圍之穿透損失，取算術平均值，常用於隔音設施的評估，就交談隱密性而言，平均傳送損失在 30 dB以下時，該材料便屬於「遮音效能不良」。平均穿透損失與交談遮蔽性的聽力評估說明如表 6-2 所示。

★ 表 6-2 平均穿透損失與交談遮蔽性的聽力評估

遮音材質 平均穿透損失 TLavg (dB)	交談遮蔽性的聽力評估	遮音效能評估
>45	即使加大音量，聽起來很模糊或根本聽不到	優良 （音響室隔音設施建議使用）
40~45	大聲交談聽起來模糊不清	佳 （起居室隔音設施建議使用）
35~40	正常交談聽起來模糊不清	好
30~35	正常交談有點模糊，大聲交談可聽清楚	可
<30	正常交談很容易清楚聽到	不良

二、穿透損失等級

　　評估隔音設施的噪音穿透損失，常用聲音穿透等級（聲音隔音等級，Sound Transmission Class，STC）表示，如隔音窗、隔音門與隔間牆等，其阻絕空氣音噪音的能力，而聲音穿透等級是穿透損失曲線在頻率 500 Hz 時所對應的值稱之。隔音等級的單位是分貝(dB)，數值越高表示隔音能力越好。聲音傳送等級(STC)與交談遮蔽性的聽力評估如表 6-3 所示。

★ 表 6-3　聲音傳送等級(STC)與交談遮蔽性的聽力評估

聲音隔音等級 STC	交談遮蔽性的聽力評估	一般常用建材
50	大聲交談也聽不到	12 吋鋼筋混凝土壁
45	大聲交談很仔細聽才聽得到	6 吋混凝土壁
40	大聲交談聽得到但很小聲且模糊	4 英吋磚壁
35	大聲交談可聽到但不很清楚	1/4 英吋鋼板或 1~3/4 吋實心木門板
30	大聲交談很容易聽清楚	3/4 英吋（約 2cm）厚合板
25	正常交談很容易聽清楚	1/4 英吋（約 6.3mm）玻璃板

考題解析

一、單選題

（4）1. 下列何者非安全工程技術「隔離」之應用？ (1)設置防爆牆 (2)使用隔音裝置 (3)使用鉛隔離輻射 (4)使用接地以減少電荷積聚 （安全管理師）

（1）2. 設計隔音牆最重要的設計參數為下列何者？ (1)高度 (2)厚度 (3)形狀 (4)結構強度 （衛生管理師）

（3）3. 材料的遮音性能表示，下列何者為正確？ (1)吸音率愈大，遮音性能愈大 (2)傳送率愈小，遮音性能愈小 (3)傳送損失愈大，遮音性能愈大 (4)反射率愈小，遮音性能愈大
（甲級物性環測）

（1）4. 隔音牆為增加遮音效果，對於牆體密度不得小於多少 Kg/m^3？ (1)20 (2)10 (3)15 (4)5 （甲級物性環測）

（4）5. 遮音材料使用下列何者接著或塗布，可以改善符合效應(coincidence effect)？ (1)泡綿 (2)纖維布 (3)厚紙板 (4)鉛板 （甲級物性環測）

（1）6. 根據質量律(mass law)原理，當頻率固定，遮音材料的厚度增加 4 倍時，垂直入射音之傳送損失約增加 (1)12 (2)3 (3)6 (4)2 (dB) （甲級物性環測）

（3）7. 材料的遮音性能表示，下列何者為正確？ (1)吸音率愈大，遮音性能愈大 (2)傳送率愈小，遮音性能愈小 (3)傳送損失愈大，遮音性能愈大 (4)反射率愈小，遮音性能愈大
（甲級物性環測）

▲ 說明

透音＝入射音－（吸收音＋反射音），

傳送損失＝入射音－穿透音，

所以吸收音或反射音越大，穿透音越小，

傳送損失越大，遮音效果越好

（3）8. 遮音材料使用下列何種接著或塗布，可以改善符合效應 (coincidence effect)？ (1)泡綿 (2)纖維布 (3)阻尼材料 (4) 厚紙板 （衛生管理師）

（4）9. 遮音材料會產生符合效應(coincidence effect)主要是由於下列何 種作用？ (1)相加作用 (2)相減作用 (3)相乘作用 (4)共鳴 作用 （甲級物性環測）

（4）10. 同一遮音材料，厚度增加，符合凹下(coincidence dip)頻率 (1) 增高 (2)不一定 (3)不變 (4)降低 （甲級物性環測）

二、複選題

（2.3） 1. 對於遮音材料之傳送損失(TL)，下列敘述何者正確？ (1)TL 值大表示遮音效能低 (2)TL 單位為 dB (3)TL 值大 表示遮音效能佳 (4)TL 值大小與材料無關（甲級物性環測）

（2.3.4）2. 以下哪些方法可增加遮音材料之遮音功效？ (1)增加孔隙 (2)增加密度 (3)減少孔隙 (4)增加厚度 （甲級物性環測）

（2.3.4）3. 對於遮音材料之傳送損失(TL)與下列何者有關？ (1)環境 溫度 (2)材料密度 (3)聲音入射頻率 (4)聲音入射角 （甲級物性環測）

（1.3） 4. 下列何者屬於聽力保護計畫中噪音工程控制之範疇？ (1) 設備加裝阻尼或減少氣流噪音 (2)勞工聽力檢查 (3)吸 音、消音、遮音控制 (4)勞工配戴防音防護具

（乙級物性環測）

（1.2.4）5. 下列何者可以改善噪音之發生之音量？ (1)以遮音材料隔
　　　　離音量 (2)以吸音材料消音 (3)以通風降低音量 (4)以阻
　　　　尼降低音量 （甲級物性環測）

三、計算與問答題

 範例一

　　若只考慮質量律(Mass law)，則在質量律區內，則：

（一）單牆之噪音透過損失應如何來估算？

（二）若牆面之重量加倍或噪音之頻率加倍，則其透過損失會分別增加
　　　多少？將所用公式及計算過程一併列出。（職業衛生技師）

▶▶ 解答

（一）增加遮音材料的質量能提升透過損失，透過損失之計算公式如
　　　下：

　　　非垂直入射透過損失=TL＝18 log(f×m)－44(dB)

　　　垂直入射透過損失=TL_0＝20 log(f×m)－42.5(dB)

　　　TL：非垂直入射透過損失(dB)

　　　TL_0：垂直入射透過損失(dB)

　　　f：入射音頻率(Hz)

　　　m：均質板面密度

（二）當遮音材料的重量加倍或噪音之頻率加倍時，則

　　　非垂直入射透過損失 TL 增加 18 log2＝5.4(dB)

　　　垂直入射透過損失 TL_0 增加 20 log2＝6(dB)

範例二 （不同材質與面積組合之總傳輸損失）

一片 10 平方公尺的牆，對 250Hz 的傳輸損失(Transmission loss)為 30 dB，若此片牆有 3 平方公尺改用傳輸損失為 10 dB 的材質，請問總傳輸損失為何？（職業衛生技師）

▶▶ 解答

TL(Transmission loss) $= 10 \log \frac{1}{\tau}$

$30(\text{dB}) = 10 \log \frac{1}{\tau_1}$ ，穿透係數 $\tau_1 = 0.001$

$10(\text{dB}) = 10 \log \frac{1}{\tau_2}$ ，穿透係數 $\tau_2 = 0.1$

傳輸總損失 $\overline{TL} = 10 \log(\frac{\sum Si}{\sum \tau_i s_i})$

$= 10 \log \left(\frac{10}{7 \times 0.001 + 3 \times 0.1} \right)$

$= 10 \log 32.57$

$= 15.1$

總傳輸損失為 15.1 (dB)

 範例三 （遮音材料密度變化時，對透過損失的影響）

某遮音材料密度為 10 kg/m^2 試問其對 1000 Hz 純音之透過損失(transmission loss)為何？當遮音材料密度倍增時，其透過損失應增加多少分貝？（職業衛生技師）

▶▶ 解答

（一）透過損失 $\text{TL} = 18 \log(f \times m) - 44$

f：入射音的頻率

m：遮音材料密度

$\text{TL} = 18 \log(1000 \times 10) - 44$

$= 18 \log 10^4 - 44$

$= 18 \times 4 - 44 = 28(\text{dB})$

（二） 遮音材料密度加倍透過損失增加量

$$TL = 18 \log(f \times 2m) - 18 \log(f \times m)$$
$$= 18 \log 2 = 18 \times 0.3 = 5.4 (dB)$$

範例四 （組合遮音材料平均穿透損失）

（一） 有一均質隔板，密度為 $10 \ kg/m^3$，試問其對入射之 1000 Hz 音之透過損失為多少 dB？若其板厚增為四倍，則透過損失增加多少 dB？

（二） 某硬牆面積 $22 \ m^2$，上有一個 $2 \ m^2$ 之木門，其對 1000 Hz 音之透過係數(transmission coefficient)分別為 10^{-5} 及 10^{-2}，試問此組合牆之平均透過損失為多少 dB？又如將上述木門完全打開時，則其平均透過損失為多少 dB？（職業衛生技師）

▶▶ 解答

（一） 1. 透過損失 $TL = 18 \log(f \times m) - 44$

       f：入射音的頻率 ； m：遮音材料密度

       $TL = 18 \log(1000 \times 10) - 44$

       $= 18 \log 10^4 - 44 = 18 \times 4 - 44$

       $= 28 (dB)$

   2. 遮音材料密度變為 4 倍，透過損失增加量

       $TL = 18 \log(f \times 4m) - 18 \log(f \times m)$

       $= 18 \log 4 = 18 \times 2 \times 0.3 = 10.8 (dB)$

（二） $S_1 \alpha_1 + S_2 \alpha_2 + \cdots\cdots + S_n \alpha_n = \sum_{i=1}^{i=n} S_i \times \bar{\alpha}$

   1. 木門未開時

       平均透過係數 $\bar{\tau}$

       $= \dfrac{20 \times 10^{-5} + 2 \times 10^{-2}}{20 + 2} = 9.18 \times 10^{-4}$

       $TL_{avg} = 10 \times \log \dfrac{1}{\bar{\tau}} = 10 \times \log \dfrac{1}{9.18 \times 10^{-4}}$

       $= 10 \times 3.04 \cong 30.4 (dB)$

2. 木門開啟時

平均透過係數 $\bar{\tau} = \frac{20 \times 10^{-5} + 0}{20 + 2} \cong 10^{-5}$

$\text{TL}_{\text{avg}} = 10 \times \log\frac{1}{\bar{\tau}} = 10 \times \log\frac{1}{10^{-5}}$

$= 10 \times 5 = 50(\text{dB})$

說明：單一水泥牆之穿透損失達 50 dB，與木門組合後之穿透損失只有約 30.4 dB。

範例五 （組合遮音材料平均穿透損失與遮音效能評估）

某工廠對 1,000 Hz 之噪音問題進行板壁隔音工作，請依下圖及假設資料回答：

（一）其綜合透過損失為多少？

（二）如想再提升其遮音效果，則首要考量的項目是什麼？

假設：圖中之牆壁、窗戶、換氣口及人員進出口之面積分別為 44、10、1 及 5 m^3，且其對應之透過係數(transmission coeffieient)分別為 10^{-3}、10^{-2}、10^0 及 10^{-2}。（職業衛生技師）

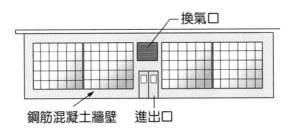

換氣口

鋼筋混凝土牆壁　　進出口

▶▶ 解答

（一）傳輸總損失 $\overline{TL} = 10\log(\frac{\sum s_i}{\sum \tau_i s_i})$

$= 10\log\left(\frac{44 + 10 + 1 + 5}{44 \times 10^{-3} + 10 \times 10^{-2} + 1 \times 1 + 5 \times 10^{-2}}\right)$

$= 10\log\frac{60}{1.194} = 17 \ (\text{dB})$

總傳輸損失為 17 dB

（二）欲提升遮音效果，首要考量的項目是換氣口。

透過損失為 0 dB $(\log\frac{1}{1}=0)$ ，其遮音能力最差。

🔊 範例六 （質量率與遮音效能評估）

若只考慮質量律(Mass law)，則在質量律區內，

（一）單牆之噪音透過損失應如何來估算？

（二）若牆面之重量加倍或噪音之頻率加倍，則其透過損失會分別增加
多少？請將所用公式及計算過程一併列出。（職業衛生技師）

▶▶ 解答

（一）增加遮音材料的質量能提升透過損失，透過損失之計算公式如
下：

隨意入射透過損失$=TL = 18 \log(f \times m) - 44$ (dB)

垂直入射透過損失$=TL_0 = 20 \log(f \times m) - 42.5$ (dB)

TL：隨意入射透過損失(dB)

TL_0：垂直入射透過損失(dB)

f：入射音頻率

m：均質板面密度

（二）當牆面之重量加倍或噪音之頻率加倍

則 TL 增加 $18 \log2 = 5.4$ (dB)

L_0 增加 $20 \log2 = 6$ (dB)

🔊 範例七

（一）設某工廠室內平均收音係數為 0.1，如欲使其室內噪音降低 6 dB，
則其室內平均吸音係數應增（或減）為多少？請將計算式一併列
出。

（二）又某遮音板之密度為 9 kg/m²，則 1000 Hz 聲音之透過損失應為多少 dB，又若其板厚增為 4 倍時，則其透過損失應為多少？（職業衛生技師）

▶▶ 解答

（一）$\Delta L = 10 \log(\frac{\bar{\alpha}_1}{\bar{\alpha}_2}) = 10 \log(\frac{0.1}{\bar{\alpha}_2}) = -6$ (dB)

提高之吸音係數 $\bar{\alpha}_2 = \frac{0.1}{10^{-0.6}} = 0.398 \cong 0.4$

欲使其室內噪音降低 6 dB，室內平均吸音係數應增為 0.4

（二）$TL = 18 \log(f \times m) - 44$

$= 18 \log(1000 \times 9) - 44$

$= 27.2$(dB)

（三）板厚增為 4 倍則

$TL = 18 \log(4 \times 1000 \times 9) - 44$

$= 38$ (dB)

🔊 範例八

　　某一作業場所之機械運轉時之噪音 1/1 八音度頻譜量測結果（距離音源 5.0 米處之勞工作業位置）如下表，今擬用鋁板密封來改善噪音環境，兩種不同面重量鋁板（1.13 psf 及 5.32 psf）對應於八音度頻帶中心頻率之音傳送損失(transmission loss, TL)如下表，試求：

（一）該勞工在該位置實際作業七小時，計算其日時量平均音壓級(TWA)為多少 dBA？

（二）就噪音控制效果及材料成本考量，採用那一類型之鋁板作為密封材料為佳？

（三）密封後之噪音改善效果為多少分貝？（職業衛生技師）

中心頻率 fc(Hz)	31.5	63	125	250	500	1k	2k	4k	8k
A 權校準(dB)	-39.4	-26.2	-16.1	-8.6	-3.2	0	1.2	1.0	-1.1
測定值(dBF)	52.3	61.5	73.8	84.2	87.4	92.4	93.3	89.1	79.8
1.13psf 鋁板之 TL(dB)	0.0	6.0	10.5	16.5	22.0	27.5	32.0	30.0	26.0
5.32psf 鋁板之 TL(dB)	11.0	16.5	22.0	28.0	32.0	28.0	25.5	29.5	38.0

▶▶ 解答

中心頻率(Hz)	31.5	63	125	250	500	1k	2k	4k	8k
A 權校準(dB)	-39.4	-26.2	-16.1	-8.6	-3.2	0	1.2	1.0	-1.1
測定值(dBF)	52.3	61.5	73.8	84.2	87.4	92.4	93.3	89.1	79.8
A 權後(dB)	12.9	35.3	57.7	75.6	84.2	92.4	94.5	90.1	78.7
1.13psf 鋁板之 TL(dB)	0.0	6.0	10.5	16.5	22.0	27.5	32.0	30.0	26.0
經 1.13psf 鋁板後之(dB)	12.9	29.3	47.2	59.1	62.2	64.9	62.5	60.1	51.7
5.32psf 鋁板之 TL(dB)	11.0	16.5	22.0	28.0	32.0	28.0	25.5	29.5	38.0
經 5.32psf 鋁板後之(dB)	1.9	18.8	35.7	47.6	52.2	64.4	69.0	60.6	40.7

（一）$SPL = 10\log(10^{\frac{12.9}{10}} + 10^{\frac{35.3}{10}} + 10^{\frac{57.7}{10}} + 10^{\frac{75.6}{10}} + 10^{\frac{84.2}{10}}$

$+ 10^{\frac{92.4}{10}} + 10^{\frac{94.5}{10}} + 10^{\frac{90.1}{10}} + 10^{\frac{78.7}{10}}) = 97.8(dBA)$

$8 = T \times 2^{\frac{(L-90)}{5}}$，$T = \frac{8}{2^{\frac{(97.8-90)}{5}}} = 3.11(hr)$

$D = \frac{7}{3.11} = 2.25 = 225\%$

$TWA_7 = 90 + 16.61 \log(D \times \frac{8}{7})$（工作日 7hr）

$TWA_7 = 90 + 16.61 \log(2.25 \times \frac{8}{7}) = 96.8(dB)$

（二） $L_{1.13 鋁板} = 10\log(10^{\frac{12.9}{10}} + 10^{\frac{29.3}{10}} + 10^{\frac{47.2}{10}} + 10^{\frac{59.1}{10}} + 10^{\frac{62.2}{10}} + 10^{\frac{64.9}{10}} +$

$10^{\frac{62.5}{10}} + 10^{\frac{60.1}{10}} + 10^{\frac{51.7}{10}}) = 69.3(dB)$

$L_{5.32 鋁板} = 10\log(10^{\frac{1.9}{10}} + 10^{\frac{18.8}{10}} + 10^{\frac{35.7}{10}} + 10^{\frac{47.6}{10}} + 10^{\frac{52.2}{10}} + 10^{\frac{64.4}{10}} +$

$10^{\frac{69.0}{10}} + 10^{\frac{60.6}{10}} + 10^{\frac{40..7}{10}}) = 70.8(dB)$

97.8–70.8=27(dBA)

（三） 以 5.32psf 鋁板較佳

改善效果約降 27 (dB)

 範例九

試述影響隔音效果的因素？（職業衛生技師）

▶▶ 解答

隔音是指間接減低音源的振動，亦即隔絕或遮蔽聲音的傳遞。

影響因素：

（一） 隔音設備或裝置的密合度。

（二） 隔音牆的單位質量、厚度及隔音牆的高度。

（三） 隔音材料種類。

（四） 聲音的頻率分布。

（五） 是否產生振動。

MEMO

CHAPTER 07

噪音控制（三）
消音原理與應用

第一節 消音的認知

管內高速噴射氣流傳遞至外界大氣中，強大的動量產生紊流（亂流），紊流與邊界局部的紊流混合進入大氣而產生噪音。消音器(muffler)應用於氣體排放，借由改變流速、音頻結構及利用對音波的吸收、反射、干涉等原理，以降低噪音能量的裝置。消音器能夠阻擋音波的傳遞，且允許氣流通過，是防制空氣動力性噪音的重要設備。

工業通風常用的排氣機如圖 7-1，消音器只能減降排氣機葉片旋轉氣流於導管內傳送時所產生的空氣噪音（空氣音），排氣機馬達振動透過固定基座與地面產生之振動及排氣機外殼振動所產生的振動噪音，消音器對此類振動噪音並無消音效果。

消音器一般可分為散失型(dissipassive)及反應型(reactive)兩大類；散失型消音器又稱為吸音型消音器(absorption mufflers)，吸音型消音器以吸音材料為襯裡。而反應型消音器則含有一個或多個串聯或並聯裝置以達消音的效果，常見的如膨脹型、共振型、干涉型、噴嘴型、主動型等。

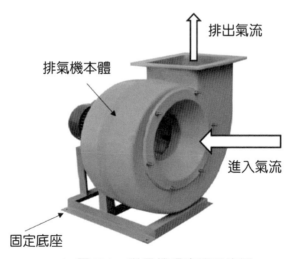

排出氣流

排氣機本體

進入氣流

固定底座

▲ 圖 7-1 送風機噪音源示意圖

第二節　吸音型／消散型消音器

　　於導管或設備內壁佈設吸音材料（如玻璃棉或岩棉）如圖 7-2 所示，利用聲音可被吸音材料吸收的原理，將聲音能量吸收，以達到消音的效果，如送風機噪音防制。吸音型消音器對高頻噪音防制較有效。

吸音材料

▲ 圖 7-2　消散型吸音裝置示意圖

第三節　反應型消音器

一、膨脹型

　　膨脹型消音器(Reactive)由膨脹室、孔管、共鳴體所組成，利用截面積大小不同的兩管接續部分增加音能的反射，聲音能量於膨脹室內反射碰撞轉換成熱能而降低，如圖 7-3 所示。常用於管道或設備出口處，如壓縮機噪音防制。膨脹型消音器對低頻或頻率範圍較窄的噪音較為有效。

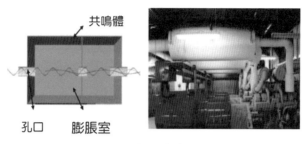

共鳴體

孔口　　膨脹室

▲ 圖 7-3　膨脹型消音裝置示意圖

二、共振型／共鳴型

　　將高速噴射氣流通過管道開孔與共振室相連接，穿孔板小孔孔頸處的空氣柱和室內空氣形成一共振吸音結構，以降低流速並增加流動阻力。如圖 7-4 所示。共振型消音器具有較強的頻率選擇性，一般用於消除低頻噪音。

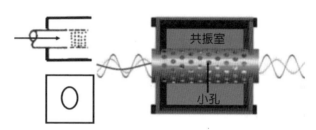

共振室

小孔

▲ 圖 7-4　共振型消音裝置示意圖

三、干涉型

　　干涉型消音器主要借助相干音波的干涉達到消音的目的。如圖 7-5 所示。音波進入消音器後，管道內分成並聯兩個或多個分支，在出口處會合時，各支彎管音波相互間具有相同的頻率和固定的相位差，稱為相干波，能抵消部分向外傳播的音能。當支彎管的長度與直通管的長度差等於其中音波半波長的奇數倍時，在交界處匯合的兩音波因反相而相互抵消。

　　多個分支干涉型消音器，是解決單一旁路干涉式消音器選擇性過強的有效方法。但它體積較大，且仍然具有很強的頻率選擇性。因此，干涉型消音器通常用於某突出低頻率處的消音，例如汽機車排氣管噪音之防制。

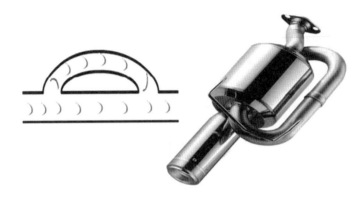

▲ 圖 7-5　干涉型消音裝置示意圖

四、噴嘴型／吹出口型

　　噴嘴型消音器應用原理則是改變音源的頻率特性再予以吸收或隔絕而降低噪音。如圖 7-6 所示。由噴嘴射出的高速噴射氣流(jet flow)。氣流噴出後因捲入周遭的空氣，沿著射流方向逐漸擴散，流速隨之降低。噴射氣流大致可分成三個區域，即混合區、過渡區與充分擴散區。混合區的長度約為噴嘴直徑的 4.5 倍，在混合區內有一射流的中心，其流速不變，即相同於噴出口，在中心區外圍，射流與周遭空氣劇烈混合，是產生高頻率噪音的主要區域。

　　過渡區從中心區尾端算起直至約 10 倍噴嘴直徑處。過渡區以外則為充分混合區。與混合區相比，過渡區的射流寬度較大且流速較低，所產生的噪音主要以低頻率噪音為主，到了充分擴散區，其頻率更低而強度也越弱，噴嘴型消音器適用低、中、高頻率之噪音防制。

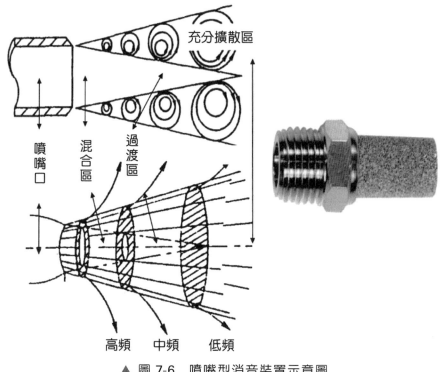

▲ 圖 7-6　噴嘴型消音裝置示意圖

五、主動控制型

　　主動控制消音器的基本原理是利用電子設備產生一個與原噪音源音壓大小相等、相位相反的音波，使其在一定空間內聲音相干涉而抵消；亦即利用原噪音與新噪音間相互干涉原理，將噪音能量削減達到消音的目的。因需要借助電音技術產生外加音場，因此也叫電子消音器，它主要由麥克風、揚聲器和自動控制器等組成如圖 7-7 所示。

　　主動控制型消音器於管道內設置兩具麥克風，第一具負責接收噪音之特性，並傳送至自動控制器，藉以產生與原噪音能量相同但波型相反，即相差半個波長（一個波峰或波谷）之新噪音，並傳回管內，再由第二具麥克風量測兩噪音相互干涉後之減噪特性，藉以微調至兩噪音可完全抵消為止。適用噪音頻率較無限制。

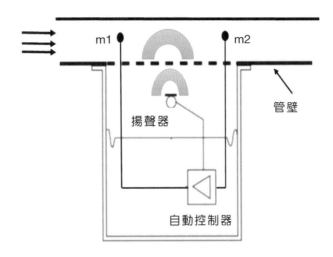

▲ 圖 7-7　主動控制型消音裝置示意圖

六、複合型

　　消散型消音器在中高頻範圍內有較佳的消音效果，而反應型消音器適用於中低頻噪音之減降。因此，實際噪音控制工程中通常通過適當的方式把幾類組合起來，得到較寬頻率範圍的消音效果稱為複合型 (combined)消音器。如圖 7-8 所示，由於有吸音材料，因此，不適於在高溫含塵的環境中使用。

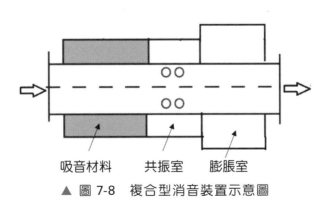

吸音材料　　共振室　　膨脹室
▲ 圖 7-8　複合型消音裝置示意圖

　　音波是一種機械波，會發生反射、繞射、折射、干涉等現象，尤其當波長較長時，消散型和反應型之間還有聲音的耦合作用，所以，複合式消音器的消音量並不是單純的累加關係。複合型消音器主要用於降低各種風機和空壓機的噪音。

第四節　消音器評選

　　選用消音器前，需清楚擬控制的噪音特性，判別是否為空氣動力性噪音，再依空氣音壓力大小、流速大小、傳送氣流的性質（如粒狀物、蒸汽或有害氣體等）選用適合的消音器。噪音源的頻率峰值與選用消音最高的頻段相對應，能得到最佳的消音效果。以中、高頻噪音源為例，宜採用消散型或複合型消音器；對於中、低頻或脈動低頻噪音源，宜採用共振型消音器、膨脹型消音器等反應型消音器。消音器的選用一般應考慮以下因素：

1. 噪音管制標準：選用消音器前，需了解噪音應控制在何種法規要求，以符合管制標準。

2. 消音量估算：確定防制系統所需消音量後，根據已知的風量、消音器設計流速和消音量，選定消音器的種類、型號與數量等。

3. 消音器配置：設備安裝消音器後，除符合設計要求的消音量外，亦需考量不影響原設備系統風量、流速、壓力損失等性能要求。消音器一般應設置於靠近機械設備之噪音源且氣流穩定的直導管上。

考題解析

一、單選題

（3）1. 下列何者非屬噪音的作業環境改善設施？ (1)加裝噪音吸音裝置 (2)裝置消音器於噪音源 (3)人員佩戴防音防護具 (4)封閉噪音源 （乙級物性環測）

（3）2. 消音器對下列何種聲音有效？ (1)經固體傳送之聲音 (2)真空中傳送之聲音 (3)空氣傳送之聲音 (4)結構體中噪音 （甲級物性環測）

（1）3. 膨脹室消音器係屬哪一型消音器 (1)反應型(reactive) (2)混合型 (3)共振型 (4)散失型(dissipassive) （甲級物性環測）

（1）4. 散失性(dissipassive)消音器之原理為 (1)聲音吸收 (2)聲音反射 (3)聲音干涉 (4)聲音共振 （甲級物性環測）

（4）5. 下列何者為散失型(dissipassive)消音器 (1)膨脹室 (2)共鳴腔 (3)干涉管 (4)加襯吸音材料之平行板 （甲級物性環測）

（3）6. 汽機車排氣通常採用二個以上的串聯或並聯的何種消音器？ (1)散失型 (2)反應型 (3)混合型 (4)共振型 （甲級物性環測）

（3）7. 將高速噴射氣流密封，並將流速分散於許多小面積上，以減低流速增加流動阻力之消音器係利用何種原理消音 (1)音反射 (2)音干涉 (3)音共鳴 (4)音吸收 （甲級物性環測）

二、複選題

（1.3.4）1. 下列何者為反應型消音器(Reactive muffler)組成？ (1)膨脹室 (2)多孔吸音材質 (3)孔管 (4)共鳴體 （甲級物性環測）

（1.2.3）2. 下列何者為非主動式噪音控制方法？　(1)吸音控制　(2)遮音控制　(3)消音控制　(4)使用揚聲器產生聲波相位相反控制

（甲級物性環測）

（1.2.3）3. 對消音器應用，下列敘述何者正確？　(1)主要用於排氣管噪音　(2)消散型消音器對高頻噪音較有效　(3)反應型消音器對低頻噪音較有效　(4)主要用於環境噪音　（甲級物性環測）

（1.2.4）4. 消音器依減低噪音原理分為下列何者？　(1)消散型 (dissipative or absorption)　(2)反應型(reactive)　(3)振動衰減　(4)複合型(combined)　（甲級物性環測）

（1.3.4）5. 對消音器應用，下列敘述何者正確？　(1)消散型消音器藉吸音材料減音　(2)消散型消音器對於低頻音消音較有效　(3)反應型消音器藉聲音破壞干涉減音　(4)反應型消音器對於低頻音消音較有效　（甲級物性環測）

三、計算與問答題

 範例一

　　某一引擎裝設消音器前其噪音 100 dB，當裝設消音器後，其聲音降為 80 dB，試問在消音器裝設前、後，其聲音壓力各為多少？裝設消音器後，其壓力減少多少百分比？（職業衛生技師）

▶▶ 解答

$$\text{SPL} = 20\log\frac{P_1}{P_0}\quad（P_0 = 2 \times 10^{-5}，基準音壓，單位為 Pa）$$

（一）$100 = 20\log\frac{P_{100}}{2\times10^{-5}}$

　　$10^5 = \dfrac{P_{100}}{2 \times 10^{-5}}$; $P_{100} = 2(P_a)$

（二） $80 = 20\log\frac{P_{80}}{2\times10^{-5}}$

$10^4 = \frac{P_{80}}{2\times10^{-5}}$; $P_{80} = 0.2(P_a)$

（三）壓力減少百分比＝$\frac{(2-0.2)}{2}\times100\% = 90\%$

範例二

一通風管道末端出口處量得音壓級為 95 dB，於管道末端設置消音器後，其音壓級降為 78 dB，計算設置消音器之音壓降低多少百分比？（職業衛生技師）

▶▶ 解答

依題意 $95 = 20\log\left(\frac{P_1}{P_0}\right) = 20logP_1 - 20logP_0$

$78 = 20\log\left(\frac{P_2}{P_0}\right) = 20logP_2 - 20logP_0$

$95 - 78 = 17 = 20\log\left(\frac{P_1}{P_2}\right)$

$\frac{P_1}{P_2} = 10^{\frac{17}{20}} = 10^{0.85} = 7.08$

$P_2 = \frac{1}{7.08}P_1 = 0.14P_1 = 14\%P_1$

$1 - 0.14 = 0.86$

加裝消音器後，音壓降低86%

範例三

消音器示意圖如下，SAD 為一固定的聲音傳播路徑，SBD 的長度可以變化，S 為聲源，裝置管內有空氣。已知調整 B 的長度在第一位置時，D 有極小的聲音，增加 B 的長度距第一位置 1.5 公分時有極大的聲音，設聲速為 339 公尺／秒，則聲音之頻率為若干赫茲？（教師甄試試題）

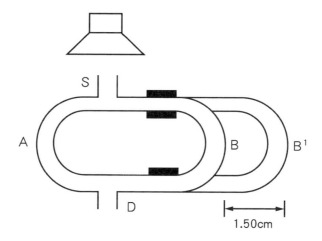

▶▶▶ 解答

（一）ABD 最小聲時為破壞性干涉

破壞性干涉左波峰遇到右波谷（差距$\frac{1}{2} \times N$波長）

（二）AB'D 最大聲為建設性干涉

建設性干涉左波峰遇到右波峰（差距 N 波長）

相差$(N - \frac{N}{2} = \frac{N}{2}$波長$)$

路徑 AB'D 上下差 1.5cm，共差 3cm

半波長 $= \frac{\lambda}{2} = 3\ (cm)$

$\lambda = 6(cm) = 0.06\ (m)$

（三）$v = \lambda \times f = 0.06 \times f = 339$

$f = 5650\ (Hz)$

🔊 範例四

試畫出簡單示意圖，並描述下列四種消音器的原理：吸音管型消音器、膨脹型消音器、干涉型消音器、共鳴箱型消音器。（20 分）（環工技師）

▶▶ 解答

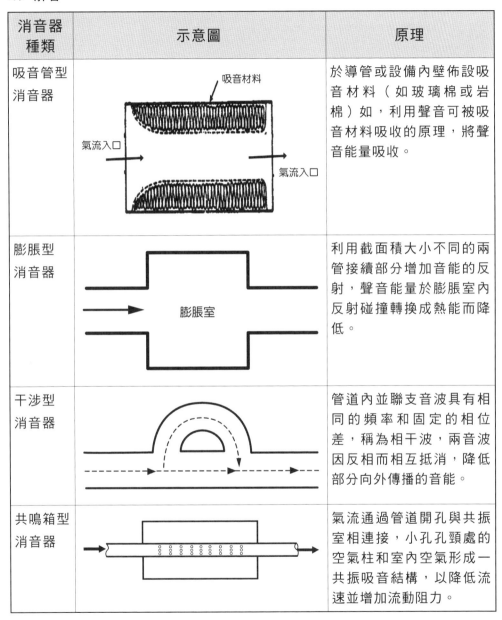

消音器 種類	示意圖	原理
吸音管型 消音器	吸音材料 氣流入口 ⟶ 氣流入口 ⟶	於導管或設備內壁佈設吸音材料（如玻璃棉或岩棉）如，利用聲音可被吸音材料吸收的原理，將聲音能量吸收。
膨脹型 消音器	⟶ 膨脹室	利用截面積大小不同的兩管接續部分增加音能的反射，聲音能量於膨脹室內反射碰撞轉換成熱能而降低。
干涉型 消音器		管道內並聯支音波具有相同的頻率和固定的相位差，稱為相干波，兩音波因反相而相互抵消，降低部分向外傳播的音能。
共鳴箱型 消音器	⟶ ᴼ ᴼ ᴼ ᴼ ᴼ ᴼ ⟶	氣流通過管道開孔與共振室相連接，小孔孔頸處的空氣柱和室內空氣形成一共振吸音結構，以降低流速並增加流動阻力。

範例五

如想由聲音傳播途徑來控制噪音,試問其可行的控制技術有那些?
(職業衛生技師)

▶▶ 解答

因噪音是經由空氣或物體等介質傳播,若於傳播介質中加以吸收或
遮蔽,則可達到防制的目的。

(一) 源頭改善

1. 規劃噪音源位置

將噪音源規劃設置於遠離工作者的區域,以增加噪音傳播的距
離,有效降低噪音的影響,例如辦公大樓、餐廳的主要機電通
備皆安裝於地下室中,冷卻水塔或水壓機多設置於屋頂之上,
以遠離辦公居住場所等。

2. 圍封噪音源

將大型馬達、壓縮機等噪音源予以圍封,以降低其所向外擴散
的噪音量。

3. 降低機械設備的振動

安裝減振器、吸振墊、彈簧等,以降低振動噪音。

4. 安裝消音器

安裝特殊材料製成的消音設備,利用聲波的吸收、干擾以降低
噪音。

(二) 加裝遮音材料

在作業環境內安裝遮音材料、遮音板等,可以防止噪音的傳遞。

(三) 加裝隔音牆

隔音牆通常應用於工廠高噪音側以阻擋機械設備所產生的高強度
噪音,隔音牆必須是氣密的而且至少需降低 10 分貝音量,隔音牆

與欲保護地區的距離宜遠大於與噪音源的距離，隔音牆的寬度至少為噪音源距隔離牆的兩倍以上。常用的隔音牆的材料有水泥、厚木板、金屬隔音牆、高密度塑膠等。

MEMO

CHAPTER 08

振動認知與防制

第一節　振動的來源

　　振動的來源有作業場所、營建工程、營業與娛樂場所及交通設施等。作業環境中易發生振動設施如衝床、打樁機、撞錘、壓縮機、印刷機、鍛造機、冷卻水塔、抽水馬達等，茲說明如下：

1. 作業場所：多屬衝床、印刷、鍛造、裁剪、輸送等生產作業之工廠或作業場所。

2. 營建工程：指整地、基礎、拆裝等及埋設管線等工程進行打樁、挖土等施工作業或使用打樁機、撞錘、連續壁等施工機械。

3. 營業與娛樂場所：要裝設冷卻水塔、抽水馬達、壓縮機等之場所。

4. 交通設施：道路、一般鐵路、高速鐵路、大眾捷運系統、航空器飛行時產生空氣振動對建築物的影響等振動噪音。

第二節　振動相關名詞

一、自由振動(free vibration)

　　一個系統在未承受任何外部負載作用的情形下，由於初始位移或初始速度的存在，使整個結構系統的動能(kinetic energy)與位能(potential energy)作週期性的轉換，使系統作重複的運動，這種現象稱為自由振動，如圖8-1所示。

▲ 圖 8-1　自由振動示意圖

二、阻尼與阻尼比(Damping & Damping ratio)

　　結構系統處於自由振動情形時,其振動振幅在運動過程中遭受到摩擦力(friction)或阻力(resistance)的作用,系統的動能會隨著時間而逐漸衰減(decay),直到最後靜止下來,此種消耗結構系統振動能量之機構(mechanism)稱為阻尼。如圖 8-2 所示,在上下振動過程中,系統試圖回到平衡位置,此時如摩擦力等損耗形成系統的阻尼,使系統的振盪逐漸變小經衰減而後靜止。

　　阻尼比(damping ratio)是描述系統振盪衰減的快慢。振動絕緣器的阻尼比越小,其振動絕緣效果越佳。例如,在單一振動絕緣系統的振動絕緣區域中,振動絕緣器的阻尼比 0.01 的振動絕緣效果會比 0.1 的為佳。

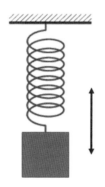

▲ 圖 8-2　彈簧振動示意圖

三、共振(resonance)

　　一塊木頭與一塊金屬分別敲擊後,其所發出的聲音不同,因為物體的內部有彈性的成分,當這些彈性體被敲擊時都會以本身的頻率來振動,造成獨特的聲音,稱此為該物體的自然頻率或固有頻率,因此,物體僅需最低能量就可產生強迫振動的頻率,並以此最低能量來維持此振動頻率,稱為自然頻率。

振動通常是有一個外力刺激物體讓物體產生振動，外力可分為衝擊外力或特定頻率的外力，當外力產生強迫振動的頻率與物體的自然振動頻率一致時，即使較小的外力也會讓物體產生大的振動，這種現象即所謂的「共振」。

當一支懸在空中的音叉受敲擊後，其所發出來的聲音較小，但若把敲擊後的音叉，將其底部與桌面接觸，此時所發出來的聲音就比較響亮，音叉受敲擊後與桌面產生共振示意如圖 8-3 所示。

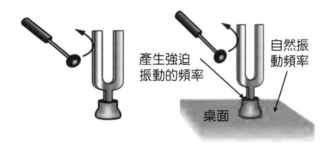

▲ 圖 8-3　音叉受敲擊後與桌面產生共振示意圖

振動物體於空氣中產生空氣疏密波，當人體暴露於全身振動時，傳至人體之振動可能與身體不同之部位產生共振現象，此時，頭部之自然頻率約為 4.5~9 Hz，使人頭痛、頭暈、噁心、嘔吐、感覺不舒服等類似暈車症狀。

四、白指症

長期操作振動手工具會使手部血管痙攣，手指指尖或全部手指發白，引發白指症(Vibration-induced White Finger, VWF)或稱為振動症候群，主要症狀為手指等末梢部位出現指尖或手指全部發白、冰冷，同時產生針刺、麻木、疼痛的感覺，常因劇烈振動而影響皮下組織，使血管痙攣、血液循環變差、血流量減少而發作。於寒冷環境下更易造成，故白指症常見於寒冷環境中頻繁使用振動手工具的作業人員。

第三節　振動對人體的危害

　　人體暴露於振動可分為全身性振動(Whole-body Vibration, WBV)與局部性振動（手臂振動；Hand-Arm Vibration, HAV）

一、全身性振動

1.　振動機具常用於協助完成各種工作，例如砂石車、挖土機、拖車等協助進行建築、運輸等營造工程。作業人員暴露於車輛啟動及行駛時所產生的振動環境中。車輛振動的能量透過坐椅傳遞至駕駛全身，進而使其產生全身性振動。

2.　立姿作業時，工作台或地面之振動會由腳部傳至整個人體，坐姿作業時，由臀部傳至人體，全身振動的主要頻率範圍在 1~80 Hz，導致人體不同部位產生共振現象，進而導致人體部位之危害。例如頭部共振頻率約 4.5~9 Hz、喉部共振頻率約 12~18 Hz、胸腔共振頻率約 5~7 Hz 及腹部共振頻率約 4.5~9 Hz 等，導致共振器官之不舒適感。

3.　全身振動會使人頭痛、頭暈、噁心、嘔吐、感覺不舒服，並可能導致胃腸分泌與蠕動變化之消化系統問題、使氧氣消耗量與肺換氣量增加、血糖與血脂肪減少及女性月經障礙、容易流產、懷孕不正常等生育影響之問題。

4.　長時間處於振動量高的環境中，會增加脊椎及相連結神經系統病變風險，導致下背痛、坐骨神經痛及脊椎系統退化性等。

5.　引起全身振動危害之主要因素與強度、方向、頻率與暴露時間有關。通常易引起如暈車、暈船症狀之振動為垂直方向頻率在 0.1~6.3 Hz 之全身振動。

6.　比利時是歐盟國家第一個將全身振動傷害引起的下背痛與背部病變列為職業病的國家(1978)。

二、局部性振動

（一）動力手工具

　　局部性振動頻率範圍在 8~1000 Hz，主要是使用手持式動力手工具。振動能量以波動型式，藉由固體介質從振動源傳遞至操作者的手及手臂甚至全身，常用動力手工具如表 8-1 所示。

★ 表 8-1　常用動力手工具與使用行業

動力工具種類	使用行業
鏈鋸	伐木作業人員使用
砸道機	鐵路砸道作業人員使用
夯實機	道路工程作業人員使用
氣動或電動手工具	鋼鐵機械工廠、鍋爐製造廠、汽機車裝配廠、電子工廠、造船廠及製鞋廠等作業
研磨機具	石作、營造及鑄造等作業人員使用
電動鑽孔機具	機械廠、家具製造廠、水電工程等作業人員使用
電動鎚／碎石機	建築物改建或整修時營造作業人員使用

（二）振動症候群職業傷害程度的影響因子

　　長期暴露於動力手工具操作時，易罹患振動白指病(vibration white finger)又稱為手—手臂振動症候群(Hand-Arm Vibration Syndrome, HAVS)，除個人體質差異外，可由手工具構造、操作技術、工作環境與暴露累積劑量等四影響因子進一步探討：

1. 手工具構造上產生的高振動量

　　操作振動工具的勞工必須以手握持機具把手來控制開關及方向，因此作業過程中，勞工的手臂與聽覺系統便直接暴露於高振動與高噪音的環境。

2. 操作姿勢合不合乎人體工學的要求

振動手工具的操作姿勢錯誤，不合乎人體工學要求，會影響操作人員的傷害程度。例如操作重量較重的手工具：手持式砸道機、鏈鋸、混凝土破碎機、重型研磨機等，常因手臂負荷過大，而將該等機具直接靠在腹部或大腿上，對下腹部及下肢增加負載，長期作業下，會傷害操作人員的膝蓋、脊椎、胃腸與生殖系統等。

3. 手部暴露於低溫高濕環境，加速白指病惡化速率

濕冷氣候下暴露於振動作業較容易罹患振動症候群，例如高山林場的鏈鋸作業人員、冷凍工廠的切割作業人員等均處於濕冷的工作環境，較易罹患振動症候群且加速白指病惡化速率。

4. 累積過高的振動暴露劑量

暴露時間越久，則罹患振動症候群的機率就越高。

（三）局部振動對人體的危害

振動手工具造成明顯的職業性傷害說明如下：

1. 末梢循環機能障礙

手部皮膚溫下降、經冷刺激後的皮膚溫不易恢復，引致手指血管痙攣、手指指尖或全部手指發白造成白指症。

2. 中樞及末梢神經機能障礙

中樞神經機能異常會造成失眠、易怒不安及末梢神經傳導速度減慢，末梢感覺神經機能障礙會造成手指麻木或刺痛，嚴重時導致手指協調及靈巧度喪失、笨拙而無法從事複雜的工作。

3. 肌肉骨骼障礙

長期使用重量大且高振動量的手工具如鏈鋸、砸道機等，可能引起手臂骨骼及關節韌帶的病變，導致手的握力、捏力及輕敲能力逐漸降低。

（四）手臂振動症候群（白指症）防制

1. 振動手工具之構造改良與加強維修保養

採用各種較新且高性能危害低的動力手工具，以減低傳遞至操作者之振動量，例如大型研磨機具改以懸吊式或自動化，此外，加強保養與維修可有效降低振動量。

2. 遵守振動手工具安全作業準則之及加強宣導

雇主應訂定振動手工具安全作業標準，作為教育訓練教材及工作守則，提高勞資雙方對作業安全之認知。

3. 調整振動暴露時間

對使用高振動量手工具的勞工，應採用輪班或調整休息時間，使其實際振動暴露時間不超過容許值。對於已罹患振動症候群的勞工，則需調整其作業型態或減少暴露時間，降低惡化速率。

第四節　振動評估與測定

振動暴露評估主要決定於四個物理量強度、頻率、方向及暴露時間。依據振動的方向(direction of vibration)，振動暴露評估可分全身振動及局部振動兩個系統。

一、決定振動暴露的四個物理量

（一）振動的強度

1. 振動的強度依國際標準組織以加速度表示，單位為 m/s^2。

2. 振動的振幅以實效值(effective value)來表示，實效值乃是將測定時間內瞬間加速度平方和的平均值再開根號所得之值。

3. 振動量通常是以加速度與基準量相比取對數值乘以十，來表示加速度位準，呈現振動量。

4. 振動位準同音壓位準，以分具來表示，依 ISO 2631 之規定，振動位準的參考值為 $10^{-6} m/s^2$，因此可以計算不同加速度值之振動位準(L_V)

$$L_V = 20log\frac{a}{a_0}$$

式中　a：振動加速度(m/s^2)

　　　a_0：振動位準的參考值$=10^{-6}$ (m/s^2)

（二）振動的頻率

高頻率的振動較低頻率振動對人體健康影響較大。

（三）振動的暴露時間

暴露時間越長，對振動作業人員的影響與危害就越大。

（四）振動的方向

振動有方向性，可分為垂直振動及水平振動，垂直振動對人體健康影響較大。

二、全身性振動暴露評估

全身振動對脊椎與末梢神經系統危害最鉅，其次是消化系統、生殖系統、心血管系統等，目前最常用的是加速度(m/s²)；通常單一物件的振動並非是單一頻率，所以需要分析不同的頻率進行頻譜分析；振動方向共三個，包括兩個水平方向（前後方向的 X 軸及左右方向的 Y 軸）及垂直方向（上下方向的 Z 軸）。如圖 8-4 所示。

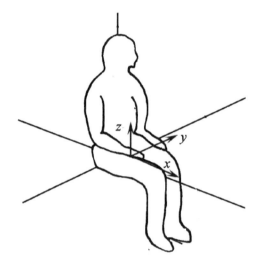

▲ 圖 8-4　全身振動評估三維空間示意圖

我國對於全身振動暴露的規範乃參考國際標準組織 ISO(International Standard Organization)的 ISO 2631-1 而訂定，依據《職業安全衛生設施規則》第 301 條，針對垂直方向與水平方向的全身振動分別加以制定在 1/3 八音度頻帶中心頻率下（單位 Hz）之加速度（單位為每平方秒公尺、m/s²）不得超過表訂暴露的容許時間，如表 8-2 及表 8-3 所示。

三、局部性振動暴露評估

1. 在職業衛生領域上，局部振動所造成的危害則較全身振動多，主要是由於大量使用手持動力工具之故。其中因手—手臂振動造成勞工最著名的職業性傷病為白指病，常因暴露於寒冷或與冷表面接觸而觸發，潮濕的環境也會加劇這種狀況，又稱為雷諾現象。

2. 局部振動方向共三個，以手握振動把手為例，包括以 Z 軸為軸心，X 軸與 Y 軸各與其垂直的三維空間，其示意如圖 8-5 所示。

★ 表 8-2　垂直方向全身振動暴露最大加速度值 m/s²

加速度 m/s² / 1/3 八音度頻帶中心頻率 Hz　　容許時間	8 小時	4 小時	2.5 小時	1 小時	25 分	16 分	1 分
1.0	1.26	2.12	2.80	4.72	7.10	8.50	11.20
1.25	1.12	1.90	2.52	4.24	6.30	7.50	10.00
1.6	1.00	1.70	2.24	3.80	5.60	6.70	9.00
2.0	0.90	1.50	2.00	3.40	5.00	6.00	8.00
2.5	0.80	1.34	1.80	3.00	4.48	5.28	7.10
3.15	0.710	1.20	1.60	2.64	4.00	4.70	6.30
4.0	0.630	1.06	1.42	2.36	3.60	4.24	5.60
5.0	0.630	1.06	1.42	2.36	3.60	4.24	5.60
6.3	0.630	1.06	1.42	2.36	3.60	4.24	5.60
8.0	0.630	1.06	1.42	2.36	3.60	4.24	5.60
10.0	0.80	1.34	1.80	3.00	4.48	5.30	7.10
12.5	1.00	1.70	2.24	3.80	5.60	6.70	9.00
16.0	1.26	2.12	2.80	4.72	7.10	8.50	11.20
20.0	1.60	2.64	3.60	6.00	9.00	10.60	14.20
25.0	2.00	3.40	4.48	7.50	11.20	13.40	18.00

★ 表 8-2　垂直方向全身振動暴露最大加速度值 m/s²（續）

加速度 m/s²　容許時間　1/3 八音度頻帶中心頻率 Hz	8 小時	4 小時	2.5 小時	1 小時	25 分	16 分	1 分
31.5	2.50	4.24	5.60	9.50	14.20	17.00	22.4
40.0	3.20	5.30	7.10	12.00	18.00	21.2	28.0
50.0	4.00	6.70	9.00	15.00	22.4	26.4	36.0
62.0	5.00	8.50	11.20	19.00	28.0	34.0	44.8
80.0	6.30	10.60	14.20	22.16	36.8	42.4	54.0

★ 表 8-3　水平方向全身振動暴露最大加速度值 m/s²

加速度 m/s²　容許時間　1/3 八音度頻帶中心頻率 Hz	8 小時	4 小時	2.5 小時	1 小時	25 分	16 分	1 分
1.0	0.448	0.710	1.00	1.70	2.50	3.00	4.0
1.25	0.448	0.710	1.00	1.70	2.50	3.00	4.0
1.6	0.448	0.710	1.00	1.70	2.50	3.00	4.0
2.0	0.448	0.710	1.00	1.70	2.50	3.00	4.0
2.5	0.560	0.900	1.26	2.12	3.2	3.8	2.0
3.15	0.710	1.120	1.6	2.64	4.0	4.72	6.30
4.0	0.900	1.420	2.0	3.40	5.0	6.0	8.0
5.0	1.120	1.800	2.50	4.24	6.30	7.50	10.0
6.3	1.420	2.24	3.2	5.2	8.0	9.50	12.6
8.0	1.800	2.80	4.0	6.70	10.0	12.0	16.6
10.0	2.24	3.60	5.0	8.50	12.6	15.0	20
12.5	2.80	4.48	6.30	10.60	16.0	19.0	25.0
16.0	3.60	5.60	8.0	13.40	20	23.6	32

★ 表 8-3　水平方向全身振動暴露最大加速度值 m/s² （續）

加速度 m/s² 1/3 八音度頻帶中心頻率 Hz \ 容許時間	8 小時	4 小時	2.5 小時	1 小時	25 分	16 分	1 分
20.0	4.48	7.10	10.0	17.0	25.0	30	40
25.0	5.60	9.00	12.6	21.2	32	38	50
31.5	7.10	11.20	16.0	26.4	40	47.2	63.0
40.0	9.00	14.20	20.0	34.0	50	60	80
50.0	11.20	18.0	25.0	42.4	63.0	75	100
62.0	14.20	22.4	32.0	53.0	80	91.4	126
80.0	18.00	28.0	40	67.0	100	120	160

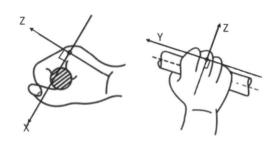

▲ 圖 8-5　局部振動評估三維空間示意圖

3.　國際標準組織所提出的局部振動暴露評估基準，主要是依據每天的暴露量，在每天 8 小時的工作期間，真正暴露於振動的時間可能不超過 4 小時，因此 4 小時被用來作為評估的指標。

4.　依據《職業安全衛生設施規則》第 302 條，勞工從事局部振動作業，應使用防振把手等之防振設備外，並應使勞工每日振動暴露時間不超過表 8-4 之規定時間。

★ 表 8-4　局部振動每日容許暴露時間表

每日容許暴露時間	水平及垂直各方向局部振動最大加速度值 公尺／平方秒(m/s²)
4 小時以上，未滿 8 小時	4
2 小時以上，未滿 4 小時	6
1 小特以上，未滿 2 小時	8
未滿 1 小時	12

5. 為方便不同暴露時段間的比較，每天的暴露量是以 4 小時的頻率加權等值能量加速度（ energy equivalent frequency-weighted acceleration ）a_{eq}來表示。亦即以每天 4 小時暴露於手—手臂局部振動加權劑量(Weighted Acceleration Does)及暴露時間（年）來預測局部振動危害罹患白指病的機率，上述之振動加權劑量是以加速度實效值$a_{eq}(T)$表示，其計算方式如下：

$$a_{eq}(T) = \sqrt{(a_x^2 + a_y^2 + a_z^2)}$$

6. 為了評估長期暴露於加權加速度值為a_{eq}的手—手臂局部振動，但每天暴露時間為 T 小時（T≠4 小時）的影響，則需先換算成 4 小時暴露週期產生等值能量的加速度實效值 $a_{eq}(4)$

$$a_{eq}(4) \times \sqrt{4} = a_{eq}(T) \times \sqrt{T}$$

$$亦即 a_{eq}(4) = a_{eq}(T) \times \sqrt{\frac{T}{4}} \quad (m/s^2)$$

7. 若整個工作日暴露於不同加速度的振動時，亦可由各別的工作時間及其對應的振動量綜合來評估，此時：

$$加速度實效值 a_{eq}(T) = \sqrt{\frac{(a_1^2 T_1 + a_2^2 T_2 + \text{............})}{(T_1 + T_2 + \text{............})}} \ (m/s^2)$$

式中　T 為總暴露時間 $= (T_1 + T_2 + T_3 + \text{............})$

a_i：在 T_i 時段下對應的局部振動之加速度值

例題 I

　　下表為某振動作業工人其手—手臂振動暴露的時間及加速度量測結果，請計算全日 8 小時等值能量的加速度實效值 $a_{eq}(8)$ 為若干？（職業衛生技師）

工作型態	加速度(m/s²)	實際暴露時間（小時）
A	10	1
B	5	1
C	4	2

▶▶ 解答

$$加速度實效值 a_{eq}(T) = \sqrt{\frac{(a_1^2 T_1 + a_2^2 T_2 + \text{............})}{(T_1 + T_2 + \text{............})}}$$

式中

T_1、T_2 ...為暴露時間

a_1、a_2 ....為單位暴露時間所對應之加速度

依題意

4 小時暴露週期產生等值能量的加速度實效值 $a_{eq}(4)$

$$a_{eq}(4) = \sqrt{\frac{(a_1^2 T_1 + a_2^2 T_2 + a_3^2 T_3)}{(T_1 + T_2 + T_3)}}$$

$$= \sqrt{\frac{(10^2 \times 1 + 5^2 \times 1 + 4^2 \times 2)}{(1 + 1 + 2)}}$$

$$= 6.26(\text{m/sec}^2)$$

$$a_{eq}(4) \times \sqrt{4} = a_{eq}(T) \times \sqrt{T} = a_{eq}(8) \times \sqrt{8}$$

全日 8 小時 $a_{eq}(8)$

$$= a_{eq}(4) \times \sqrt{\frac{4}{8}}$$

$$= 6.26 \times 0.707$$

$$= 4.43(\text{m/sec}^2)$$

第五節 振動危害防制

　　隔斷振動的傳遞可以從振動源或受體處著手，在振動源處做隔振處理，減小振動傳出量；在受體處做隔振處理，以降低受體處的振動量。一般而言，隔絕振動的傳遞比吸（抗）振處理技術上較易施作，改善的效果也較好。

一、減少振動能量

（一）隔振的設計

1. 依據《職業安全衛生設施規則》第 42 條，雇主對於機械之設置，應事先妥為規劃，不得使其振動力超過廠房設計安全負荷能力，振動力過大之機械以置於樓下為原則。對振動源設備所採取減振措施。

2. 大型基礎採用鋼性地板如金屬基座或水泥基座，以隔絕超重機器之低頻噪音。

3. 防止機械振動源因重心過高或重量分配不均所造成的振動。

（二）隔振器材的運用

1. 在振動源基座加裝金屬彈簧、合成橡膠墊、管線吊掛等隔振器，以減少振動能量向外傳遞。

2. 在機器或結構表面貼附高阻尼系數防振緩衝材料，如橡膠減振層、玻璃纖維氈減振墊層等隔振措施，降低振動以消耗振動能量，又稱為阻尼效應(Damping)。

（三）振動抵消

振動抵消的原理是給一個和振動源頻率相同，方向（相位）相反的作用力，來降低振動。又稱為主動振動控制(Active Vibration Control)，常用於精密工業製程。

（四）使用新式機械設備

新式低振動機械設備，可有效降低振動強度，此外，機械設備需定期保養和檢修，以維持其性能。

二、隔振措施

　　振動傳播的隔振措施，如於振動傳播途徑設抗振溝、抗振壁等振動傳播遮斷層，減少低頻振動能量的傳遞。

三、局部振動危害防制

（一）振動手工具部分

1. 改進振動設備與工具，降低振動強度，定期保養和維修，保持其性能。

2. 裝設防振裝置，例如手動工具之握把間加裝靠墊、防振橡皮等防振物。

3. 採用新式自動機器設備，減少人員手動作業或長時間操作。

（二）作業人員部分

1. 戴用防振保暖手套等個人防護用品。

2. 符合人體工學調整作業姿勢，減少職業傷害。

3. 減少手持振動工具的重量或對把手的握力，以降輕肌肉負荷與緊張等。

4. 避免低溫潮濕環境，作業環境保持在 16°C 以上。

（三）行政管理措施

1. **建立合理勞動制度**

　　建立工間休息及定期輪換的工作制度，以利受振動影響之器官功能恢復。

2. 振動作業需符合容許暴露時間

測定振動之頻率及加速度，使勞工每日振動暴露時間不超過《職業安全衛生設施規則》第 301 條、第 302 條規定之容許暴露時間，振動防制法規的相關規範如表 8-5 所示。

3. 振動作業人員適用性評估

對於罹患有周邊神經系統疾病、周邊循環系統疾病、骨骼肌肉系統疾病者應考量不適合從事振動作業。未滿 18 歲、姙娠中之女性不得使從事鑿岩機及其他有顯著振動之工作。

4. 建立符合人體工學之振動作業準則

建立振動作業準則，加強技術訓練，減少振動作業的職業傷害。

5. 作業人員進行體檢

儘早發現受振動傷害的作業人員，勞工健康保護規則對於從事振動作業勞工並未規訂實施特殊健康檢查項目，但需治療時可請職業病專科醫師實施。

★ 表 8-5　振動防制法規的規範

法源	內容
《職業安全衛生法》第 6 條	雇主對下列事項應有符合規定之必要安全衛生設備及措施：八、防止輻射、高溫、低溫、超音波、噪音、振動或異常氣壓等引起之危害。
《職業安全衛生設施規則》第 42 條	雇主對於機械之設置，應事先妥為規劃，不得使其振動力超過廠房設計安全負荷能力；振動力過大之機械以置於樓下為原則。

★ 表 8-5　振動防制法規的規範（續）

法源	內容
《職業安全衛生設施規則》第 298 條	雇主對於處理有害物、或勞工暴露於強烈噪音、振動、超音波及紅外線、紫外線、微波、雷射、射頻波等非游離輻射或因生物病原體汙染等之有害作業場所，應去除該危害因素，採取使用代替物、改善作業方法或工程控制等有效之設施。
《職業安全衛生設施規則》第 301 條	雇主僱用勞工從事振動作業，應使勞工每天全身振動暴露時間不超過下列各款之規定： 一、垂直振動三分之一八音度頻帶中心頻率（單位為赫、Hz）之加速度（單位為每平方秒公尺、m/s²），不得超過表一規定之容許時間。(詳附件) 二、水平振動三分之一八音度頻帶中心頻率之加速度，不得超過表二規定之容許時間。(詳附件)
《職業安全衛生設施規則》第 302 條	雇主僱用勞工從事局部振動作業，應使勞工使用防振把手等之防振設備外，並應使勞工每日振動暴露時間不超過下表規定之時間：

局部振動每日容許暴露時間表

每日容許暴露時間	水平及垂直各方向局部振動最大加速度值公尺／平方秒(m/s²)
4 小時以上，未滿 8 小時	4
2 小時以上，未滿 4 小時	6
I 小特以上，未滿 2 小時	8
未滿 I 小時	I2

考題解析

一、單選題

（1）1. 人體暴露於全身振動時，傳至人體之振動可能與身體不同之部位產生共振現象，使人頭痛、頭暈、噁心、嘔吐、感覺不舒服等暈車症狀，其中頭部之自然頻率為多少 Hz？ (1)4.5~9 (2)45~90 (3)450~900 (4)4500~9000 Hz （乙職題庫）

（1）2. 空氣彈簧所組成之系統，自然共振頻率於多少 Hz 以下，能顯示其最佳之減振效果？ (1)3 (2)8 (3)15 (4)20
（衛生管理師題庫）

（1）3. 在單一自由度振動絕緣系統的振動絕緣區域中，振動絕緣器的阻尼比為下列何者時，振動絕緣效果最佳？ (1)0.01 (2)0.02 (3)0.05 (4)0.10 （衛生管理師題庫、甲級物性環測）

（3）4. 空氣中因物體振動而產生者為下列何種波？ (1)空氣密波 (2)空氣疏波 (3)空氣疏密波 (4)空氣橫波 （衛生管理師題庫）

（3）5. 勞工罹患自指症，通常是因從事下列何種作業所引起？ (1)電焊作業 (2)轉動機械作業 (3)振動機械作業 (4)高溫作業
（衛生管理師題庫）

（2）6. 白手病之症狀係由何種危害因子引起？ (1)高低溫危害 (2)振動危害 (3)游離輻射危害 (4)異常氣壓危害 （乙職題庫）

（1）7. 勞工安全史上，在二十世紀初出現使用震動工具與手部血管痙攣的相關報告，造成各國對於勞工每日震動暴露時間的管制。疾病名稱為？ (1)白指症 (2)紅指症 (3)灰指症 (4)黑指症
（乙職題庫）

（1）8. 對於經常使用手部從事劇烈局部振動作業時，易造成下列何種職業病？ (1)白指症 (2)皮膚病 (3)高血壓 (4)中風
（乙職題庫）

（3）9. 操作下列何種機具設備較不會產生局部振動源？ (1)鏈鋸 (2)破碎機 (3)簡易型捲揚機 (4)氣動手工具 （乙職題庫）

（4）10. 下列何者非屬噪音工程改善之原理？ (1)減少振動 (2)隔離振動 (3)以吸音棉減少噪音傳遞 (4)防護具使用 （乙職題庫）

（2）11. 下列何種作業會較易發生手部神經及血管造成傷害，發生手指蒼白、麻痺、疼痛、骨質疏鬆等症狀之白指病？ (1)低溫 (2)局部振動 (3)異常氣壓 (4)游離輻射 （安全管理師題庫）

（4）12. 危害預防與控制的目的在於使工作、工具及工作環境適合員工，下列何者不為避免「振動」危害因子所造成傷害的預防之道？ (1)裝設緩衝阻尼 (2)使用防震設備 (3)座位與振動源分離 (4)使用非黏滯性包裝材料 （安全管理師題庫）

（3）13. 下列那一項作業不是特別危害健康作業？ (1)游離輻射 (2)噪音 (3)振動 (4)異常氣壓 （甲級物性環測）

（1）14. 在單一自由度系統的振動絕緣器(vibrationisolator)，若需要有振動絕緣功能，其頻率比 r（r＝外力激振頻率／結構共振頻率）應落在何種範圍內為最佳？ (1)r＞1.5 (2)r＜0.5 (3)0.5≦r≦1 (4)1＜r≦1.5 （甲級物性環測）

▲ 說明

1. 以機械馬達為例，馬達一般以每分鐘多少轉來表示轉速(rpm；revolution per minute)，若將轉速 rpm 換算為 Hz (cycle/sec)，每秒幾轉，只要將 rpm/60，即可得到轉速對應的頻率 f=rpm/60，對馬達而言，其外力的「激振頻率」，

就是馬達轉速對應的頻率 f=rpm/60。如果馬達轉速是 1200rpm，其轉速頻率就是 20 Hz。所以，不同轉速下的電扇，其外力的「激振頻率」就會不同。

2. 馬達受外力作用時，此外力的「激振頻率」與馬達的「自然頻率」相等或接近時，會使結構產生振動大的共振現象，為了避免產生共振，頻率比 r＞1.5 為佳。

（ 2 ）15. 有關噪音控制中振動阻尼的敘述，下列何者有誤？ (1)使用控制材料為阻尼材料 (2)聲音不會轉為熱能 (3)為噪音控制對策之一種 (4)為一種隔離振動之方法 （甲級物性環測）

二、複選題

（1.4 ） 1. 長期與振動過大之機械／設備／工具接觸，可能較會危及人體那些器官或系統？ (1)脊椎骨 (2)肺部 (3)眼睛 (4)末梢神經系統 （衛生管理師題庫）

（2.3 ） 2. 依《職業安全衛生設施規則》規定，下列敘述何者有誤？ (1)噪音超過 90 分貝之工作場所，應標示並公告噪音危害之預防事項，使勞工周知 (2)勞工工作場所因機械設備所發生之聲音為Ａ權噪音音壓級 95 分貝，工作日容許暴露時間為 3 小時 (3)勞工在工作場所暴露於連續性噪音在任何時間不得超過 140 分貝 (4)勞工從事局部振動作業，其水平及垂直各方向局部振動最大加速度為 4 m/s^2，其每日容許暴露時間為 4 小時以上，未滿 8 小時 （乙職題庫）

（2.3.4 ）3. 下列何者屬物理性危害？ (1)有機溶劑中毒 (2)振動 (3)異常氣壓 (4)噪音 （衛生管理師題庫）

（1.3.4 ）4. 下列有關振動危害之敘述何者正確？ (1)振動能與人體不同之部位產生共振現象而造成對人體健康影響 (2)暈車暈船常

為高頻振動所引起　(3)長時間操作破碎機、鏈鋸等振動手工具會對手部神經及血管造成傷害　(4)當振動由手掌傳至手臂時會導致臂部肌肉、骨骼、神經之健康影響

（衛生管理師題庫）

三、計算與問答題

 範例一

（一）勞工若長期暴露於職場噪音與振動危害，可影響人體健康。請分別就噪音與振動兩項危害，各列舉 3 項健康影響並說明之。

（二）依據勞工健康保護規則規定，雇主使勞工從事 8 小時日時量平均音壓級在 85 分貝以上之噪音作業時，應對勞工實施特殊健康檢查並據以進行健康分級管理。請問雇主對於健康分級為第三級（含）以上之勞工，應有何作為？（衛生管理師）

▶▶ 解答

（一）噪音對人體健康危害：

　　1. 生理之危害

　　　(1) 聽力之危害：長期或過度噪音暴露，導致柯氏體或毛細胞受損退化引起聽力損失，主要可分為暫時性聽力損失和永久性聽力損失。

　　　(2) 指因噪音而引起身體其他器官或系統的失調或異常，可能造成心跳加快、血壓升高，增加心臟血管疾病發生率以及導致消化性潰瘍等。

　　2. 心理之危害：噪音引起內分泌失調，進而引起情緒緊張、煩躁、注意力不集中等症狀。

振動對人體健康危害：

1. 末梢循環機能障礙：手部皮膚溫下降、經冷刺激後的皮膚溫不易恢復，引致手指血管痙攣、手指指尖或全部手指發白造成白指症。

2. 中樞及末梢神經機能障礙：中樞神經機能異常會造成失眠、易怒或不安及末梢神經傳導速度減慢，末梢感覺神經機能障礙會造成手指麻木或刺痛，嚴重時導致手指協調及靈巧度喪失、笨拙而無法從事複雜的工作。

3. 肌肉骨骼障礙：長期使用重量大且高振動量的手工具如鏈鋸、砸道機等，可能引起手臂骨骼及關節韌帶的病變，導致手的握力、捏力、及輕敲能力逐漸降低。

（二）依據《勞工健康保護規則》第 19 條規定，雇主對於健康分級為第三級（含）以上之勞工，應有下列作為：

1. 屬於第三級管理或第四級管理者，並應由醫師註明臨床診斷。

2. 對於健康分級第三級管理以上者，應請職業醫學科專科醫師實施健康追蹤檢查，必要時應實施疑似工作相關疾病之現場評估，且應依評估結果重新分級，並將分級結果及採行措施依中央主管機關公告之方式通報。

3. 對於健康分級屬於第四級管理者，經醫師評估現場仍有工作危害因子之暴露者，應採取危害控制及相關管理措施。

▲ 說明

雇主使勞工從事第特別危害健康作業時，應建立健康管理資料，並將其定期特殊健康檢查，實施分級健康管理整理如下表：

分級健康管理	分級健康判定	雇主義務	健康管理措施
第一級管理	特殊健康檢查或健康追蹤檢查結果，全部項目正常，或部分項目異常，而經醫師綜合判定為無異常者。	——	——
第二級管理	特殊健康檢查或健康追蹤檢查結果，部分或全部項目異常，經醫師綜合判定為異常，而與工作無關者。	應提供勞工個人健康指導	・屬於第二級管理以上者，應由醫師註明其不適宜從事之作業與其他應處理及注意事項。 ・屬於第三級管理或第四級管理者，並應由醫師註明臨床診斷。
第三級管理	特殊健康檢查或健康追蹤檢查結果，部分或全部項目異常，經醫師綜合判定為異常，而無法確定此異常與工作之相關性，應進一步請職業醫學科專科醫師評估者。	應請職業醫學科專科醫師實施健康追蹤檢查，必要時應實施疑似工作相關疾病之現場評估，且應依評估結果重新分級，並將分級結果及採行措施依中央主管機關公告之方式通報。	
第四級管理	特殊健康檢查或健康追蹤檢查結果，部分或全部項目異常，經醫師綜合判定為異常，且與工作有關者。	經醫師評估現場仍有工作危害因子之暴露者，應採取危害控制及相關管理措施。	

範例二

（一）有關振動量測：有那些單位可以用來表示振動量測的大小？

（二）量測期間，針對作業環境中穩定或不規則型式或不等強度之振動，應分別如何記錄及呈現其量測值？（職業衛生技師）

▶▶ 解答

（一）振動量測的大小

　　1. 振動的強度依國際標準組織以加速度表示，單位為 m/s^2。

　　2. 振動的振幅以實效值(effective value)來表示，實效值乃是將測定時間內瞬間加速度平方和的平均值再開根號所得之值。

　　3. 振動量可用加速度、速度及位移來表示，通常是以加速度與基準量相比取對數值乘以十，來表示加速度位準，呈現振動量。

　　4. 振動位準同音壓位準，以分貝來表示，依 ISO 2631 之規定，振動位準的參考值為 $10^{-6} m/s^2$，因此可以計算不同加速度值之振動位準(L_V)

$$L_V = 20 log \frac{a}{a_0}$$

　　式中　a：振動加速度(m/s^2)
　　　　　a_0：振動位準的參考值=10^{-6} (m/s^2)

（二）不同條件的振動操作環境

　　作業環境中穩定或不規則型式或不等強度之振動，記錄與量測說明如下：

作業環境中之振動變化	記錄與呈現其量測值
穩定振動 數值穩定或變動量小	記錄連續多次的數值，再加總後計算其平均值，採用功率平均值來表示。

作業環境中之振動變化	記錄與呈現其量測值
不規則型式振動 數值呈現週期性或間歇性的變化	記錄其變動現象，包含週期性與頻率等，取其週期性變化的極大值，再取其功率平均值來表示。
不等強度之振動 數值呈現不規則且變動量大	可由各別的工作時間及其對應的振動量計算其時量平均值，採該平均值來表示加速度實效值$a_{eq}(T) = \sqrt{\dfrac{(a_1^2 T_1 + a_2^2 T_2 + \ldots\ldots)}{(T_1 + T_2 + \ldots\ldots)}}$ (m/s^2) 式中 T 為總暴露時間 $= (T_1 + T_2 + T_3 + \cdots\cdots)$ a_i : 在 T_i 時段下對應的局部振動之加速度值

 範例三

試說明振動對勞工的危害程度受那四個物理量的影響？（職業衛生技師）

▶▶ 解答

振動暴露評估主要決定於四個物理量強度、頻率、方向及暴露時間。

（一）振動的強度

振動的強度依國際標準組織以加速度表示，單位為 m/s^2，振動的振幅以實效值(effective value)來表示，實效值乃是將測定時間內瞬間加速度平方和的平均值再開根號所得之值。振動位準同音壓位準，以分貝來表示，依 ISO 2631 之規定，振動位準的參考值為 $10^{-6} m/s^2$，因此可以計算不同加速度值之振動位準(L_V)

$$L_V = 20 log \frac{a}{a_0}$$

式中　a：振動加速度(m/s²)

a₀：振動位準的參考值$=10^{-6}$ (m/s²)

（二）振動的頻率

高頻率的振動較低頻率振動對人體健康影響較大。

（三）振動的暴露時間

暴露時間越長，對振動作業人員的影響與危害就越大。

（四）振動的方向

振動有方向性，可分為垂直振動及水平振動，垂直振動對人體健康影響較大。

 類題一

影響振動危害程度的因素？（職業衛生管理師）

▶▶ **解答**

同上題

 範例四

說明局部振動的危害及預防措施。（職業衛生技師）

▶▶ **解答**

（一）局部振動對人體的危害

振動手工具造成明顯的職業性傷害說明如下：

1. 末梢循環機能障礙：手部皮膚溫下降、經冷刺激後的皮膚溫不易恢復，引致手指血管痙攣、手指指尖或全部手指發白造成白指症。

2. 中樞及末梢神經機能障礙：中樞神經機能異常會造成失眠、易怒或不安及末梢神經傳導速度減慢，末梢感覺神經機能障礙會

造成手指麻木或刺痛，嚴重時導致手指協調及靈巧度喪失、笨拙而無法從事複雜的工作。

3. 肌肉骨骼障礙：長期使用重量大且高振動量的手工具如鏈鋸、砸道機等，可能引起手臂骨骼及關節韌帶的病變，導致手的握力、捏力及輕敲能力逐漸降低。

（二）局部振動危害預防措施

1. 振動手工具部分

(1) 改進振動設備與工具，降低振動強度，定期保養和維修，保持其性能。

(2) 裝設防振裝置，例如手動工具之握把間加裝靠墊、防振橡皮等防振物。

(3) 採用新式自動機器設備，減少人員手動作業或長時間操作。

2. 作業人員部分

(1) 戴用防振保暖手套等個人防護用品。

(2) 符合人體工學調整作業姿勢，減少職業傷害。

(3) 減少手持振動工具的重量或對把手的握力，以降輕肌肉負荷與緊張等。

(4) 避免低溫潮濕環境，作業環境保持在 16°C 以上。

 範例五

低頻率振動影響人體的主要原因，為人體器官與振動來源產生共振 (resonance)現象。而振動之強度、方向、頻率及暴露時間，為評估振動時之測定基礎。而針對振動進行工程控制，也可以降低噪音之危害。請申論：

（一）如何減少振動源？

（二）如何進行隔振措施？（職業衛生技師）

▶▶ 解答

低頻振動的主要頻率範圍在 1~80 Hz，導致人體不同部位產生共振現象，進而導致人體部位之危害。例如頭部共振頻率約 4.5~9 Hz、喉部共振頻率約 12~18 Hz、胸腔共振頻率約 5~7 Hz 及腹部共振頻率約 4.5~9 Hz 等，導致共振器官之不舒適感。

振動是由振動源產生震波透過介質傳遞至接受者的現象，因此，針對振動控制可三階段進行，首先是控制振動源，再來是傳遞路徑的控制，最後是針對接受者採取隔振措施，振動源控制的方法有：

（一）減少振動源

1. 隔振的設計

(1) 依據《職業安全衛生設施規則》第 42 條雇主對於機械之設置，應事先妥為規劃，不得使其振動力超過廠房設計安全負荷能力；振動力過大之機械以置於樓下為原則。對振動源設備所採取減振措施。

(2) 大型基礎採用鋼性地板如金屬基座或水泥基座，以隔絕超重機器之低頻噪音。

(3) 防止機械振動源因重心過高或重量分配不均所造成的振動。

2. 隔振器材的運用

(1) 在振動源基座加裝金屬彈簧、合成橡膠墊、管線吊掛等隔振器，以減少振動能量向外傳遞。

(2) 在機器或結構表面貼附高阻尼系數防振緩衝材料，如橡膠減振層、玻璃纖維氈減振墊層等隔振措施，降低振動以消耗振動能量，又稱為阻尼效應(Damping)。

3. 振動抵消

原理是給一個和振動源頻率相同，方向（相位）相反的作用力，來降低振動的方式。又稱為主動振動控制(Active Vibration Control)，常用於精密工業製程。

4. 使用新式機械設備

新式低振動機械設備，降低振動強度，此外，機械設備需定期保養和檢修，維持其性能。

（二）隔振措施

1. 振動傳播的隔振措施，如於振動傳播途徑設抗振溝、抗振壁等振動傳播遮斷層，減少低頻振動能量的傳遞。

2. 振動手工具部分裝設防振裝置，例如手語工具之握把間加裝靠墊、防振橡皮等防振物。

範例六

（一）請簡述方向與頻率兩因素在全身或手—手臂振動量測時的角色。

（二）下表為手—手臂振動的時間及加速度量測結果，請計算全日 $a_{eq}(T)$ 及 4 小時 $a_{eq}(4)$ 各為若干？（職業衛生技師）

工作型態	加速度(m/s^2)	實際暴露時間（小時）
A	10.3	0.5
B	5.6	0.7
C	2.5	1.0

▶▶ 解答

（一）振動有方向性可分為垂直振動及水平振動，前者對人體健康影響較大。高頻率的振動較低頻率振動對人體健康影響較大。

（二）$a_{eq}(T) = \sqrt{\dfrac{(a_1^2 T_1 + a_2^2 T_2 + \ldots\ldots\ldots)}{(T_1 + T_2 + \ldots\ldots\ldots)}}$

式中

T_1、T_2 ……為暴露時間

a_1、a_2 ……為單位暴露時間所對應之加速度

依題意

$$a_{eq}(2.2) = \sqrt{\frac{(a_1^2 T_1 + a_2^2 T_2 + a_3^2 T_3)}{(T_1 + T_2 + T_3)}}$$

$$= \sqrt{\frac{(10.3^2 \times 0.5 + 5.6^2 \times 0.7 + 2.5^2 \times 1)}{(0.5 + 0.7 + 1)}}$$

$$= 6.1(\text{m/sec}^2)$$

$$a_{eq}(4) \times \sqrt{4} = a_{eq}(T) \times \sqrt{T} = a_{eq}(2.2) \times \sqrt{2.2}$$

$$a_{eq}(4) = a_{eq}(2.2) \times \sqrt{\frac{2.2}{4}} = 6.1 \times 0.7416 = 4.52(\text{m/sec}^2)$$

$$a_{eq}(8) = a_{eq}(4) \times \sqrt{\frac{4}{8}} = 4.52 \times 0.707 = 3.2(\text{m/sec}^2)$$

MEMO

CHAPTER 09

防音防護具與
聽力保護計畫

第一節　防音防護具

依據《職業安全衛生設施規則》第 283 條，雇主為防止勞工暴露於強烈噪音之工作場所，應置備耳塞、耳罩等防音防護具並使勞工確實配戴。

一、單值降噪值（NRR 與 SNR）

NRR(Noise Reduction Rating)值代表防音防護具降低某個頻譜噪音的整體表現，數值越大，越代表保護聽力能力越強。NRR 值的計算源自美國環保署(Environmental Protection Agency, EPA)於 1979 年提出的規範要求，根據此規範，聽力保護器具的製造商須在其產品貼上標籤，顯示此產品的降低噪音能力，數值越大，越代表聽力保護能力越強，讓需保護者於選用時有所依據，選擇適合降噪產品。NRR 值一般在 20~33 dB 之間。

NRR 是根據美國國家標準 ANSI S3.19-1974(American National Standards Institute, ANSI)檢測標準所制定，因此美規防音防護具多為標示 NRR。

SNR(Single Number Rating)是按照國際標準 ISO 4969-2 檢測的單值降噪值。為歐盟 EN(European Standard)採用的計算方法，因此歐規防音防護具多為標示 SNR。同一防音防護具認證時，一般 SRR 值會大於 NRR 值 3 dB 左右，因此同個防護具的 SNR 值和 NRR 值同。 NRR 與 SRR 標示如圖 9-1 所示

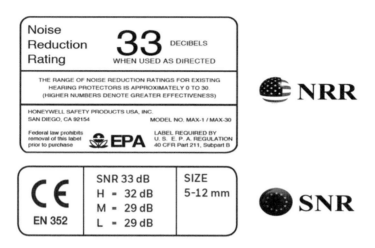

▲ 圖 9-1 NRR（美國標準）與 SRR（歐盟標準）標示

二、防音防護具種類

防音防護具的種類繁多，可概分為防音耳罩與耳塞兩種型式。

（一）耳罩

耳罩可分為主動式噪音控制耳罩(active noise control earmuff)與被動式噪音控制耳罩(passive noise control earmuff)。

1. 主動式噪音控制耳罩

主動式噪音控制耳罩是運用噪音主動控制技術來達到噪音衰減目的之耳罩。如圖 9-2 所示。主動式噪音控制耳罩的外殼阻擋並衰減較高頻的外部噪音進入人耳；此外，則藉由放置於耳罩內的揚聲器發出與較低頻噪音音波相反的聲音，以抵消聲能方式達到降低噪音的目的，此種反音波的防音式耳罩，可主動收錄周圍的環境音、噪音聲等，但不會阻絕作業環境的警示音或危險音。主動式噪音控制耳罩主要運用於保護高噪音作業環境勞工的聽力，例如機場飛機引導作業、大型機器機房檢修作業等。

▲ 圖 9-2　主動式噪音控制耳罩

2. 被動式噪音控制耳罩

　　運用耳罩罩體本身的設計加上吸音、隔音、阻尼等方法以阻隔噪音的耳罩稱之為被動式噪音控制耳罩，如圖 9-3 所示，一般被動式噪音控制耳罩在低頻範圍防護效果較差。

▲ 圖 9-3　被動式噪音控制耳罩

3. 耳罩使用優缺點評析

　　耳罩使用優缺點如表 9-1 所示。

★ 表 9-1 耳罩優缺點評析表

優點	缺點
穿戴容易，利於噪音作業環境進出頻繁者	在熱作業環境中不舒適
體積較耳塞大，不易遺失	儲存較不便
可重複使用	同時戴安全護目鏡或呼吸防護具時較不便
適合耳疾患者使用	戴久後頭帶易變形
易於查核勞工配戴情形	相對耳塞較昂貴

（二）耳塞

　　耳塞又稱防噪耳塞、抗噪耳塞，一般是由矽膠或高彈性聚脂材料製成的，插入耳道後與外耳道緊密接觸，以隔絕聲音進入中耳和內耳，達到隔音減噪的目的。常見的型式有拋棄式（發泡式耳塞）與重複使用型（可耐多次水洗式耳塞）如圖 9-4 所示。耳塞使用優缺點評析如表 9-2 所示。

拋棄型

重複使用型

▲ 圖 9-4 常見型式的耳塞

★ 表 9-2　耳塞優缺點評析表

優點	缺點
不受使用者頭型尺寸限制，適合高溫、高濕之環境使用	不適合長期配戴，不舒適
相較耳罩，價格低體積小、重量輕，易於攜帶	對耳道造成刺激
不影響頭部活動，塵土較多之環境適用拋棄型耳塞	衛生問題，不適用於耳疾患者

三、防音防護具選用

（一）選用考量

　　NRR 值只反映防音防護具的整體減音能力，而不能反映在個別頻率的減音表現，在某些情況下，單憑 NRR 值未必能協助使用者選取到最適合的聽力保護器具。聽力保護器具一般對低頻噪音的減音效果相對較弱，如發現噪音是集中在某個頻率，再選取聽力保護器時應向供應商索取該聽力保護器在各八音頻帶的減音數據，以參考保護器在有關頻率的減音表現，確保能提供足夠之保護。

（二）NRR 值選用估算

1. 噪音暴露值以 A 權衡(dBA)量測時

　　　　環境暴露噪音值 − (NRR − 7) × 50% = 傳至人耳的噪音值

2. 噪音暴露值以 C 權衡(dBA)量測時

　　　　環境暴露噪音值 − (NRR) × 50% = 傳至人耳的噪音值

說明一：

　　7 dB 是 NIOSH（National Institute for Occupational Safety and Health；美國國家職業安全衛生研究所）建議聽力防護具使用時需增加之安全考量值。

　　（亦即聽力防護具 NRR 值先減降 7）；

說明二：

　　50% 是考量聽力保護器 NRR 值實際效能之安全係數。

　　（有些廠商可能放大聽力保護器之效能）。

例題 1

　　某作業環境 8 小時噪音時量平均值為 93 dB (A)，選用 NRR 值為 29 dB 的聽力保護器具是否能將噪音暴露值降到 85 dB？

▶▶ 解答

環境暴露噪音值−(NRR − 7) × 50% ＝ 傳至人耳的噪音值

　　　　$93 - (29 - 7) \times 50\% = 82$

　　選用 NRR 值為 29dB 的聽力保護器具能將暴露值降到 82 dB

例題 2

　　某作業環境噪音值為 90 dB(A)，所以需要降低 5 dB 以將暴露值降到 85 dB，故所需聽力保護器具之 NRR 值需選用多少 dB 以上？

▶▶ 解答

環境暴露噪音值−(NRR − 7) × 50% ＝ 傳至人耳的噪音值

$$90 - (NRR - 7) \times 50\% = 85$$

$$(90 - 85) = (NRR - 7) \times 50\%$$

$$5 \times 2 + 7 = NRR = 17$$

故噪音值降到 85 dB 所需聽力保護器具之 NRR 值為 17 dB。

例題 3

某作業環境 8 小時噪音時量平均值為 100 dB(C)，選用 NRR 值為 30 dB 的聽力保護器具後，噪音暴露值降為多少 dB？

▶▶ 解答

環境暴露噪音值−NRR × 50% = 傳至人耳的噪音值

$$100 - 30 \times 50\% = 85(dB)$$

四、防音防護具配戴

防音防護具需無償提供，員工可依需要隨時更換合適的聽力防護具。聽力防護具須參考產品上的 NRR (Noise Reduction Rating)值，並評估員工配戴之後是否以降低其實際的噪音暴露值在 85 分貝以下，噪音越大 NRR 值須更高以保護員工聽力，每一噪音區都需有專人負責評估及確保員工都已配戴合適的聽力防護具。下列幾種情況下的員工皆應有上述權益配戴聽力防護具：

1. 噪音暴露 8 小時日時量超過 85 分貝或噪音暴露劑量>50%。

2. 有短暫性的聽力閾值變化(TTS)員工。

3. 主動想配戴聽力防護具的員工。

聽力保護裝置所提供的聲音衰減防護，大部分取決於裝置的特性，其次是作業人員的使用方式。根據 OSHA 的研究，如果作業人員僅在 15 分鐘內不佩戴，則可能在 8 小時班次中提供 40 dB 衰減的防音防護具只能提供 30 dB 有效聲衰減值。如圖 9-5 所示，因此，正確並且始終佩戴防音防護具非常重要。

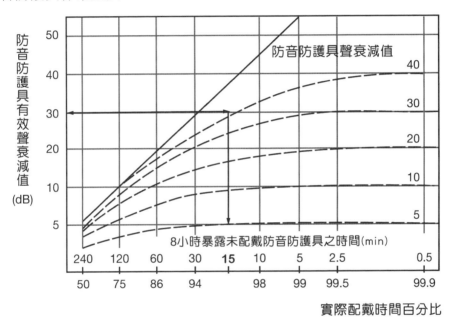

▲ 圖 9-5　未配戴防護具時間對應防護具有效聲衰減值

第二節　聽力保護計畫

依據《職業安全衛生設施規則》第 300-1 條，雇主對於勞工 8 小時日時量平均音壓級超過 85 分貝或暴露劑量超過 50%之工作場所，應採取噪音監測及暴露評估、噪音危害控制、防音防護具之選用及佩戴、聽力保護教育訓練、健康檢查及管理、成效評估及改善等聽力保護措施，作

成執行紀錄並留存 3 年，前項聽力保護措施，事業單位勞工人數達 100 人以上者，雇主應依作業環境特性，訂定聽力保護計畫據以執行；於勞工人數未滿 100 人者，得以執行紀錄或文件代替。聽力保護計畫執行的要項說明如下：

一、噪音監測及暴露評估

法規依據：《勞工作業環境監測實施辦法》；《職業安全衛生設施規》第 300 條	
計畫檢核項目	1. 勞工噪音暴露工作日 8 小時日時量平均音壓級 85 分貝(TWA8=85dBA)以上之作業場所，應每 6 個月監測噪音一次以上。 2. 雇主實施作業環境監測前，應就作業環境危害特性、監測目的及中央主管機關公告之相關指引，規劃採樣策略，訂定含採樣策略之作業環境監測計畫，確實執行，並依實際需要檢討更新。 3. 雇主應於作業勞工顯而易見之場所公告監測計畫或以其他方式公開，必要時應向勞工代表說明。 4. 監測計畫應包括下列事項： 一、資料收集與危害辨識。 二、建立相似之暴露族群。 三、規劃與執行採樣策略。 四、樣本分析。 五、數據分析及評估。 5. 雇主於實施監測 15 日前，應依中央主管機關公告之登錄系統及格式，通報監測計畫。 6. 雇主實施作業環境監測時，應會同職業安全衛生人員及勞工代表實施。監測結果應依規定記錄，並保存 3 年。 7. 作業場所，雇主於引進或修改製程、作業程序、材料及設備時，應評估其勞工暴露之風險，有增加暴露風險之虞者，應即實施作業環境監測。依前述規定辦理之作業環境監測者，得於實施後 7 日內通報。 8. 雇主應於採樣或測定後 45 日內完成監測結果報告，通報至中央主管機關指定之資訊系統。

法規依據：《勞工作業環境監測實施辦法》； 《職業安全衛生設施規》第 300 條	
	9. 聘用合格的物理性因子作業環境監測技術士，或委託主管機關公告之環境監測機構或職業衛生技師進行噪音作業環境監測。
	10. 監測記錄包括：監測編號、方法、處所、項目、監測起訖時間及結果。
	11. 任何時間不得暴露於峰值超過 140 dB (Lpeak,f=140dBC)之衝擊性噪音或 115 dB (Lmax,s=115 dBA)之連續性噪音。
事業單位勞工人數達一百人以上者需增加之檢核項目	12. 事業單位從事**特別危害健康作業**之勞工人數在 100 人以上，或依本辦法規定應實施化學性因子作業環境監測，且勞工人數 500 人以上者，監測計畫應由下列人員組成監測評估小組擬訂： 一、工作場所負責人。 二、依職業安全衛生管理辦法設置之職業安全衛生人員。 三、受委託之執業職業衛生技師。 四、工作場所作業主管。 13. 上述之監測計畫，雇主應使監測評估小組成員共同簽名及作成紀錄，留存備查，並保存 3 年。

二、噪音危害控制

法規依據：《職業安全衛生設施規則》第 298 條／第 300 條	
事業單位檢核項目	1. 工作場所之噪音超過 90 分貝(TWA8=90dBA)時，應採取工程控制、減少勞工噪音暴露時間，使勞工噪音暴露符合規定。
	2. 工作場所之傳動馬達、球磨機、空氣鑽等產生強烈噪音之機械，應予以適當隔離，並與一般工作場所分開為原則。
	3. 發生強烈振動及噪音之機械應採消音、密閉、振動隔離或使用緩衝阻尼、慣性塊、吸音材料等以減低噪音之發生。
	4. 勞工暴露於強烈噪音、振動、超音波等之有害作業場所，應去除該危害因素，採取使用代替物、改善作業方法或工程控制等有效之設施。

三、防音防護具之選用及佩戴

法規依據：《職業安全衛生設施規則》第 283 條／第 300 條	
事業單位檢核項目	1. 雇主為防止勞工暴露於強烈噪音之工作場所，應置備耳塞、耳罩等防護具，並使勞工確實戴用。 2. 勞工 8 小時日時量平均音壓級超過 85 分貝(TWA8=85dBA)或暴露劑量超過 50%時，應使勞工戴用有效之耳塞、耳罩等防音防護具。

四、聽力保護教育訓練

法規依據：《職業安全衛生教育訓練規則》第 16 條 《勞工作業環境監測實施辦法》第 10 條 《職業安全衛生設施規則》第 300 條	
事業單位檢核事項	1. 雇主對新僱勞工或在職勞工於變更工作前，應使其接受適於各該工作必要之安全衛生教育訓練至少 3 小時。 2. 監測結果，雇主應於作業勞工顯而易見之場所公告或以其他公開方式揭示之，必要時應向勞工代表說明。 3. 噪音超過 90 分貝(TWA8=90dBA)之工作場所，應標示並公告噪音危害之預防事項，使勞工周知。

五、健康檢查及管理

法規依據：《勞工健康保護規則》第 14 條附表九 噪音作業特殊體格檢查與特殊健康檢查項目表／定期檢查期限 1 年	
事業單位檢核項目	1. 雇主使勞工從事特別危害健康作業，應於其受僱或變更作業時，依規定實施各該特定項目之特殊體格檢查。 2. 從事噪音暴露工作日 8 小時日時量平均音壓級在 85 分貝(TWA8=85dBA)以上作業之勞工，特殊健康檢查項目包括： (1) 作業經歷、生活習慣及自覺症狀之調查。 (2) 服用傷害聽覺神經藥物（如水楊酸或鏈黴素類）、外傷、耳部感染及遺傳所引起之聽力障礙等既往病史之調查。

法規依據：《勞工健康保護規則》第 14 條附表九
噪音作業特殊體格檢查與特殊健康檢查項目表／定期檢查期限 1 年

(3) 耳道理學檢查。

(4) 聽力檢查(audiometry)。（測試頻率至少為 500、1,000、2,000、3,000、4,000、6,000 及 8,000 赫之純音，並建立聽力圖）。

3. 雇主應使醫護人員臨廠服務辦理下列事項：
   一、 勞工之健康教育、健康促進與衛生指導之策劃及實施。
   二、 工作相關傷病之防治、健康諮詢與急救及緊急處置。
   三、 協助雇主選配勞工從事適當之工作。
   四、 勞工體格、健康檢查紀錄之分析、評估、管理與保存及健康管理。
   五、 職業衛生之研究報告及傷害、疾病紀錄之保存。
   六、 協助雇主與職業安全衛生人員實施工作相關疾病預防及工作環境之改善。
   七、 其他經中央主管機關指定公告者。

4. 雇主使勞工從事特別危害健康作業時，應建立健康管理資料，並依規定分級實施健康管理。

5. 心血管疾病、聽力異常疾病患者不適合從事噪音作業。

6. 雇主應使醫護人員配合職業安全衛生及相關部門人員訪視現場，辦理下列事項：
   一、 辨識與評估工作場所環境及作業之危害。
   二、 提出作業環境安全衛生設施改善規劃之建議。
   三、 調查勞工健康情形與作業之關連性，並對健康高風險勞工進行健康風險評估，採取必要之預防及健康促進措施。
   四、 提供復工勞工之職能評估、職務再設計或調整之諮詢及建議
   五、 其他經中央主管機關指定公告者。

7. 雇主使勞工從事特別危害健康作業，應於其受僱或變更作業時，依規定實施各該特定項目之特殊體格（健康）檢查。

法規依據：《勞工健康保護規則》第 14 條附表九 噪音作業特殊體格檢查與特殊健康檢查項目表／定期檢查期限 1 年	
	8. 雇主使勞工接受特殊健康檢查時，應將勞工作業內容、最近一次之作業環境監測紀錄及危害暴露情形等作業經歷資料交予醫師。
	9. 噪音作業勞工特殊健康檢查記錄應保存 10 年以上。
	10. 雇主於勞工經一般體格檢查、特殊體格檢查、一般健康檢查、特殊健康檢查或健康追蹤檢查後，應採取下列措施： 一、參採醫師之建議，告知勞工，並適當配置勞工於工作場所作業。 二、對檢查結果異常之勞工，應由醫護人員提供其健康指導；其經醫師健康評估結果，不能適應原有工作者，應參採醫師之建議，變更其作業場所、更換工作或縮短工作時間，並採取健康管理措施。 三、將檢查結果發給受檢勞工。 四、將受檢勞工之健康檢查紀錄彙整成健康檢查手冊。

六、成效評估及改善

法規依據：《職業安全衛生設施規則》第 300-1 條第 2 項	
事業單位檢核基準	一、法源內容 1. 聽力保護措施，事業單位勞工人數達 100 人以上者，雇主應依作業環境特性，訂定聽力保護計畫據以執行。 2. 勞工人數未滿 100 人者，得以執行紀錄或文件代替。 二、計畫執行成效評估 1. 勞工： (1) 明顯聽力閾值衰減且經判定可能與職業有關，應盡快採取各種改善方法與措施。 (2) 暴露 85 分貝以上噪音，每年至少一次聽力檢查，並將每年聽力敏感圖與基準聽力圖比較，評估計畫成效。

法規依據：《職業安全衛生設施規則》第 300-1 條第 2 項

2. 計畫整體：
   (1) 評估聽力檢查資料的正確性，檢查過程是否恰當，結果是否準確。
   (2) 評估聽力損失發生率，比較噪音暴露組與未暴露對照組的數值，若發生率相近表示計畫績效良好。
3. 風險評估：
   (1) 運用已知資料如暴露噪音音壓級、暴露時間、年齡等，依經驗式推估暴露族群和一般族群引起聽力損失風險的機率。
   (2) 勞工於不同年齡時聽力閾值變化的預估，可做噪音場所工程控制改善後之成效評估參考。

第三節　計畫執行相關人員責任與義務

1. 雇主：
   (1) 於計畫前，建立明確的執行政策。除確立該計畫正確並有效執行外，仍需定期評估、檢討計畫執行成效予以修正，以確保勞工的聽力。
   (2) 任命計畫執行專責人員，負責整個聽力保護計畫的規劃、推動、執行與評估。

2. 計畫執行人員：
   (1) 負責計畫的規劃，推動與執行。
   (2) 擔任雇主與勞工間溝通的橋樑，使計畫可確實推動執行。

3. 勞工：
   (1) 支援事業單位推動與執行聽力保護計畫，並密切配合與參與。
   (2) 確實遵守畫中的各項規定，執行應盡的義務。

考題解析

一、單選題

（1）1. 下列何者非屬噪音的作業環境改善設施？ (1)人員佩戴防音防護具 (2)封閉噪音源 (3)加裝噪音吸音裝置 (4)裝置消音器於噪音源 （乙職）

（4）2. 職業衛生噪音監測評估對聽力影響時，常用哪個權衡電網監測？ (1)C (2)B (3)F (4)A （乙級物性環測）

（3）3. 對於防音防護具之性能，應使用下列何種權衡電網測試？ (1)A (2)B (3)C (4)D （衛生管理師）

（4）4. 依職業安全衛生設施規則規定，勞工之噪音暴露劑量計超過百分之多少時，雇主應使戴用有效之耳塞、耳罩等防音防護具？ (1)20 (2)30 (3) 40 (4)50 （乙級物性環測）

（1）5. 某防音防護具的聲衰減值(sound attenuation)為 40 dB 時，每日工作以八小時計算，如果工作中為了方便有 15 分鐘未佩戴該防音防護具，那麼最終防音效果為多少 dB？ (1)30 (2)15 (3)25 (4)35 （甲級物性環測）

▲ 說明

根據 OSHA 的研究，如果作業人員僅在 15 分鐘內不佩戴，則可能在 8 小時班次中提供 40 dB 衰減的防音防護具只能提供 30 dB。因此，正確並且始終佩戴防音防護具非常重要。

（1）6. 依 500，1,000，2,000 Hz 平均聽覺閾值聽力程度分類法中，屬於嚴重障礙之範圍為多少分貝(dB)？ (1)70~90 (2)60~80 (3)50~70 (4)80~100 （甲級物性環測）

（1）7. 聽力損失判斷的四分法指標中下列何種頻率之權重最大？

(1)1,000 Hz　(2)2,000 Hz　(3)500 Hz　(4)4,000 Hz　　　（乙職）

▲ 說明

四分法指標＝（500 Hz 聽力閾值＋2×1,000 Hz 聽力閾值＋2,000 Hz 聽力閾值）/4，指標介於 25 至 40 分貝為輕微障礙，介於 40 至 55 分貝為中等障礙，介於 55 至 70 分貝為顯著障礙，介於 70 至 90 分貝為嚴重障礙

（4）8. 一般而言，下列何種頻率(Hz)的感音性聽力損失明顯？

(1)500　(2)1000　(3)2000　(4)4000　Hz　　　（乙職）

（3）9. 噪音作業勞工聽力損失由下列何頻率開始發生？　(1)1,000 Hz　(2)2,000 Hz　(3)4,000 Hz　(4)500 Hz　　　（乙級物性環測）

（3）10. 勞工需於噪音停止暴露幾小時後，方能執行聽力檢查？　(1)2 小時　(2)8 小時　(3)14 小時　(4)3 小時　　　（甲級物性環測）

（3）11. 聽力監測的受測勞工通常至少需在噪音停止暴露幾小時後，才進入聽力監測室監測？　(1)7　(2)10　(3)15　(4)5

（乙級物性環測）

（4）12. 勞工左右兩耳聽力不同，建議應以那一耳先實施聽力監測？

(1)左耳　(2)右耳　(3)聽力較差之耳朵　(4)聽力較佳之耳朵

（衛生管理師題庫）

（2）13. 左右耳都正確地戴用耳塞，在說話時對自己說話聲音的感覺為何？　(1)較小　(2)較大　(3)大小不一定　(4)不變

（衛生管理師題庫）

（1）14. 下列有關噪音危害之敘述何者錯誤？　(1)超過噪音管制標準即會造成嚴重聽力損失　(2)噪音會造成心理影響　(3)長期處於噪

音場所能對聽力造成影響　(4)高頻噪音較易導致聽力損失

（衛生管理師題庫）

（3）15. 有關老化所致的聽力影響，下列敘述何者正確？　(1)低頻音較顯著　(2)中低頻音較顯著　(3)高頻音較顯著　(4)與頻率無關

（衛生管理師題庫）

（2）16. 下列何者與人耳聽力損失較無關？　(1)性別　(2)體重　(3)頻率　(4)音壓級　　　　　　　　　（衛生管理師題庫）

（2）17. 下列何者非屬從事噪音超過 85 分貝作業勞工之特殊健康檢查項目？　(1)作業經歷之調查　(2)頭部斷層掃瞄　(3)聽力檢查　(4)耳道物理檢查　　　　　　　　　　　　（甲級物性環測）

（1）18. 對於產生強烈噪音之機械作業場所，最好之噪音危害預防措施為下列何者？　(1)工程改善　(2)戴耳罩　(3)教育訓練　(4)標示注意　　　　　　　　　　　　　　　　　　（乙職題庫）

（3）19. 勞工聽力檢查不包括下列哪一個頻率（赫）？　(1)3,000　(2)1,000　(3)5,000　(4)2,000　　　　　（衛生管理師題庫）

（2）20. 進行聽力檢查時，一般起始測試頻率(Hz)為下列何者？　(1)2k　(2)1k　(3)500　(4)6k　　　　　　　　（乙級物性環測）

（3）21. 噪音減少率(NRR)係應用於下列何者？　(1)噪音監測　(2)噪音劑量測定　(3)聽力防護具　(4)噪音監測儀器校正

（乙級物性環測）

（4）22. 若欲降低工作者實際暴露噪音量 5 分貝，在考量 50%安全係數下，應選用 NRR 值多少分貝的耳塞？　(1)5　(2)10　(3)12　(4)17 分貝　　　　　　　　　　　　　　　　　（乙職）

▲ 說明

「NRR」是按照美國標準 ANSI 標準檢測的單值降噪值

需要降低得分貝量×2+7=所需的 NRR 值

5(dB)×2+7=17(NRR)

二、複選題

（1.3）　1. 下列何者屬於聽力保護計畫中噪音工程控制之範疇？　(1)設備加裝阻尼或減少氣流噪音　(2)勞工聽力檢查　(3)吸音、消音、遮音控制　(4)勞工配戴防音防護具

　（乙級物性環測）

（1.3.4）　2. 在以四分法進行勞工聽力損失測量時，常以下列哪些純音量測不同頻譜的聽力閾值作為評估指標？　(1)500 Hz　(2)4,000 Hz　(3)2,000 Hz　(4)1,000 Hz　（乙級物性環測）

（1.4）　3. 下列敘述哪些有誤？　(1)聽力損失意謂聽閾值變小　(2)噪音對人體健康除可產生聽覺性效應亦會產生非聽覺性效應　(3)長期處於噪音環境下，毛細胞因長期刺激而無法復原，聽力損失將由暫時性聽力損失轉變成永久性聽力損失　(4)勞工左右兩耳聽力不同，體檢時應先測聽力較差之耳朵

　（乙職）

（2.3）　4. 下列有關聽力檢查之描述何者正確？　(1)耳垢不會影響測試之結果　(2)受測者必須在檢查前 5 分鐘前到達檢查室　(3)應檢查前 14 小時避免高噪音暴露　(4)聽力檢查室隔音不影響受測者檢查結果　（乙級物性環測）

（1.2.4）　5. 下列有關聽力之描述何者正確？　(1)人談話覺得聽不清楚或對方聲音變小則可能為聽力損失的警訊　(2)經由骨骼組織直接傳遞至內耳或經由中耳傳至內耳聽神經細胞為骨導傳音　(3)聽力損失係指聽力檢查結果於 500~2,000 Hz 的平

均聽力閾值損失 35 dB 以上者　(4)感音性聽力損失是指長期受過度噪音暴露導致柯氏器受損、退化而造成的聽力損失　　　　　　　　　　　　　　　　　（乙級物性環測）

（1.3）　6. 下列有關聽力損失之描述何者正確？　(1)年齡老化導致之聽力損失屬感音性聽力損失　(2)噪音聽力損失屬傳音性聽力損失　(3)噪音聽力損失屬感音性聽力損失　(4)耳疾導致之聽力損失屬感音性聽力損失　　（甲、乙級物性環測）

▲ 說明

傳音性聽力損失是由於外耳及／或中耳損傷或阻塞而導致傳送的聲音能量下降而造成。成因包括中耳感染、中耳發炎、耳垢堵塞、鼓膜穿孔或聽小骨斷裂或硬化受損所致；感音神經性聽力損失是內耳耳蝸或聽神經受損所引致，造成傳送的音量下降及聲音解析度模糊，自然老化、過度暴露於高噪音環境等等所造成

（1.2.3.4）7. 對於聽力保護計畫實施，應包含下列何者？　(1)噪音危害控制　(2)健康檢查　(3)噪音監測　(4)防護具佩戴

　　　　　　　　　　　　　　　　　　（甲級物性環測）

三、問答與計算題

 範例一

試簡述聽力保護計畫以及其要領與判斷流程。（職業安全地方特考）

▶▶ 解答

依據《職業安全衛生設施規則》第 300-1 條，雇主對於勞工 8 小時日時量平均音壓級超過 85 分貝或暴露劑量超過 50%之工作場所應採取下列聽力保護措施，作成執行紀錄並留存 3 年。

（一）聽力保護計畫內容：

 1. 噪音監測及暴露評估。

 2. 噪音危害控制。

 3. 防音防護具之選用及佩戴。

 4. 聽力保護教育訓練。

 5. 健康檢查及管理。

 6. 成效評估及改善。

（二）聽力保護計畫判斷流程如下：

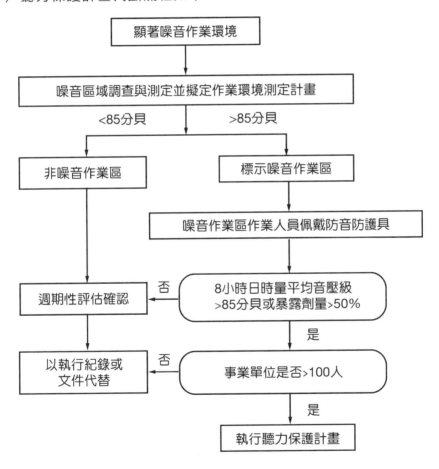

範例二

　　某公司實施聽力保護計畫，聽力保護具的使用率不高，請問如何提高員工使用防護具的意願？（職業衛生技師）

▶▶ 解答

（一）選擇適用防護具

　　盡可能提供多種合宜、舒適的防音防護具供員工選用佩戴，增加其佩戴意願，避免因不舒適等因素而減少佩戴時間。

（二）加強教育訓練

　　1. 加強噪音危害認知，工程改善無法使其降低至容許標準時，就需藉由個人防護具來保護員工的安全與健康，此觀念應融入日常作業中，減少噪音的劑量暴露，以保護聽力。

　　2. 提供資源與設備來教育、訓練勞工正確使用、保護個人之防音防護具，使每一位勞工皆可正確地佩戴防音防護具，習慣不同頻率聲音的遮音性能，降低員工佩戴之抗拒心理，使其發揮應有之功效。

（三）提高安全衛生方面的誘因

　　1. 降低勞工因佩戴防音防護具之潛在危險，例如作業之溝通、警報聲之聽取等，減少佩戴防護具之顧慮，使其作業時能安心佩戴。

　　2. 保持防音防護具之衛生，定期維護與更換。

範例三

　　假設您為勞工衛生管理師，試問您如何為噪音作業場所勞工選擇合適之聽力防護具？（職業衛生技師）

▶▶ 解答

合適之聽力防護具需符合下列條件：

（一）符合標準規範

合格的防護具是符合國際標準或國家。例如我國即有中國國家標準 CNS 8454 防音防護具之標準規範。

（二）符合作業環境之聲衰減值需求

藉由頻譜分析來判斷所需防音防護具的效能，選用八音頻帶的平均聲衰減值及標準偏差值能符合且附聲衰減值指標如 NRR 或 SNR 的防音防護具，使勞工可有效地防止噪音，避免造成聽損。

（三）實際佩戴時的防音性能

各防音防護具的實際防音效果有賴於選擇及正確的使用，因此應注意佩戴時防護具與耳部貼合是否密合，以確實阻隔噪音傳遞。

（四）使用者的舒適性及接受性

1. 選用防音防護具時，防護具的造型、規格大小、重量、材質、夾緊力、壓力、調整性、舒適性、脫戴容易與否皆應評估考量。
2. 選防音防護具時，最重要的就是要讓佩戴者對所挑選的防音防護具有較高的接受度。

（五）配合工作環境特殊考量

工作場所可能除噪音外另有溫濕、粉塵等安全衛生相關問題，挑選防音防護具時應注意與其他防護具搭配的特殊考量。例如：

1. 在高溫、高濕度作業環境中，宜使用耳塞或使用易吸汗的軟墊套子之耳罩。
2. 塵土較多的環境中宜使用拋棄式耳塞、或使用可更換軟墊套的耳罩。

3. 頻繁進出噪音環境，宜使用附有頭帶的耳塞或易脫戴的耳罩。

4. 作業時若需聽取高頻信號、警告信號或交談話語，則宜挑選聲音在低頻有較高的聲衰減值，而在高頻的聲衰減值較低的防音防護具。

5. 作業時若需辨認噪音源方位，此時宜使用耳塞，具有較佳的方位辨識度。

範例四

防音防護具是聽力保護計畫中的一項重要工具。試說明選用、配戴防音防護具的判斷流程、要領與注意事項。（職業衛生技師）

▶▶ 解答

（一）配戴時機／判斷流程

當勞工暴露於作業環境 8 小時時量平均音壓級大於 85 分貝或暴露劑量為 50%以上時，依法規須佩戴防音防護具。

（二）防音防護具一般常見有耳塞與耳罩兩種，佩戴要領與注意事項分述如下：

1. 耳塞部分

(1) 配戴要領

因大多數人之耳道向前彎曲，因此以一隻手繞過頭部後腦勺，將耳朵向外向上拉高，使得外耳道被拉直，另一隻手將耳塞柔捏成一細長條狀塞入外耳道中，由外往內壓住數秒，待膨脹後耳塞確實與耳道密合後放開，避免耳塞被擠壓出來。

(2) 注意事項

A. 將防音防護具塞入耳道中的手指需保持乾淨，避免有油脂或灰塵進入耳道。

B. 作業時，佩戴之耳塞會因說話、咀嚼等活動，使耳塞鬆脫，影響其遮音性能，故需隨時檢視，必要時需重新佩戴。

C. 取下耳塞時宜緩慢，以避免傷害耳朵，耳塞應定期清潔與更換，以避免防音效能降低，防止引起皮膚過敏與耳疾等狀況發生。

2. 耳罩部分

(1) 配戴要領

A. 分辨耳護蓋前後、上下與左右並調整頭帶至最大位置。

B. 儘量將頭髮撥離耳朵，戴上耳罩，確認耳朵於耳護墊內。

C. 用拇指向上、向內用力固定耳護蓋，同時調整頭帶，使頭帶緊貼在頭頂。

D. 檢查耳護墊四周，確定耳護墊有良好之氣密性。

(2) 注意事項

A. 作業時，耳罩可能會移位，故應隨時注意，必要時需重新佩戴。此外，勿用力拉扯頭帶，避免其失去彈性。

B. 耳罩應定期維護與保養，以避免防音效能降低，防止皮膚過敏與引起耳疾等狀況發生。

 範例五

請說明聽力保護計畫的內容。（職業衛生技師）

▶▶ 解答

事業單位聽力保護計畫的內容應包括計畫的主旨、執行的時機、執行的要項及相關人員的責任四大部分，茲說明如下：

（一）計畫的主旨

控制噪音危害，避免噪音造成聽力損失。

（二）執行的時機：

　1. 當勞工於作業場所內任何區域工作時，作業交談溝通時有障礙，或者勞工有噪音之申訴時，應進行作業環境噪音測定。

　2. 當測定作業場所員工暴露之噪音 8 小時日時量平均音壓級超過 85 dB 時或暴露劑量超過 50%之工作場所，該作業場所應標示為噪音作業場所，事業單位超過 100 人時，應執行聽力保護計畫。

（三）執行的要項：

　1. 作業場所噪音監測及暴露評估。

　2. 噪音危害控制。

　3. 防音防護具之選用及佩戴。

　4. 聽力保護教育訓練。

　5. 健康檢查及管理。

　6. 成效評估及改善。

（四）相關人員的責任：

　1. 雇主：

　　(1) 於計畫前，建立明確的執行政策。除確立該計畫正確並有效執行外，仍需定期評估、檢討計畫執行成效，予以修正。以確保勞工的聽力。

　　(2) 任命計畫執行專責人員，負責整個聽力保護計畫的規劃、推動、執行與評估。

　2. 計畫執行人員：

　　(1) 負責計畫的規劃，推動與執行。

　　(2) 擔任雇主與勞工間溝通的橋樑，使計畫可確實推動執行。

　3. 勞工：

　　(1) 支援事業單位推動與執行的聽力保護計畫，並密切配合與參與。

　　(2) 確實遵守計畫中的各項規定，執行應盡的義務。

範例六

　　何謂聽力敏度圖(Audiogram)？在實施聽力保護計畫時，應如何實施聽力敏度圖測試？又如何利用聽力敏度圖來評估勞工之聽力標準閾值偏移(Standard Threshold Shift，STS)？（職業衛生技師）

▶▶ **解答**

（一）利用聽力測定器量測人耳對不同頻率下的聽力閾值（所能聽到最低的聲音），以左右耳的敏銳度分別將結果圖示，所繪製圖即為聽力敏度圖(audiogram)。

（二）實施聽力保護計畫時，欲了解勞工聽力是否受損，則應施行聽力測定。聽力測定的受測勞工需在噪音停止暴露大約 14 小時以後，再進入聽力測定室施行聽力測定，而聽力測定的頻率分別為 500、1,000、2,000、4,000、6,000 及 8,000 Hz 等六個。

平均聽力閾值	聽力障礙程度
<25 dB	正　常
25~40 dB	輕　度
40~55 dB	中　度
55~70 dB	中重度
70~90 dB	重　度
>90 dB	極重度

（三）利用聽力敏度圖來評估勞工之聽力損失（標準閾值偏移）之認定：

　1. 純音聽力檢查結果依三分法，若平均聽力損失大於 25 分貝，則有感音性聽力損失。

　2. 高音頻比低音頻平均聽力損失大於 10 分貝以上，且出現 4,000 Hz 或 6,000 Hz 凹陷（閾值偏移），即為高音頻聽力損失。

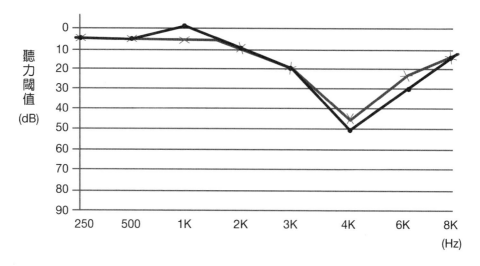

3. 勞工若測出閾值超過聽力標準閾值偏移(STS)，雇主應了解並注意其變化，若 STS 是作業環境噪音所引起，且員工有配戴防音防護具，則雇主應更換新的防音防護具以降低噪音。

 範例七

針對一穩定性噪音，以八音幅頻帶實施頻譜分析測定，在 20~20k Hz 頻率範圍之測定結果如表一。假設上述噪音係於甲勞工之耳朵附近所測得，如果該勞工正確戴用插入型耳塞，而依據製造商所提供該耳塞在不同頻帶之衰減值資料如表二，請計算：

（一）若以八音幅頻帶每一頻帶音壓級均為 100 dB 之粉紅噪音作為測試時，請以 NRR 法計算該耳塞之保護值為多少 dB？

（二）正確戴用該耳塞後之噪音值為多少 dB？（職業衛生技師）

★ 表一：某一穩定性噪音以八音幅頻帶實施頻譜分析測定結果

fc(Hz)	31.5	63	125	250	500	1k	2k	4k	8k	16k
讀值(dB)	40.6	56.0	66.0	80.2	85.3	92.0	88.3	86.2	76.1	72.5

★ 表二： 插入型耳塞在不同頻帶之衰減值及 F 權衡電網測定結果之 A 或 C 權
衡電網修正值

八音幅頻帶中心頻.fc(Hz)	31.5	63	125	250	500	1k	2k	4k	8k	16k
衰減值 dB	9	10	14	19	25	28	30	34	42	48
標準偏差 dB	4	3	3	3	3	3	4	4	4	4
A 權衡電網修正值	-39.4	-26.2	-16.1	-8.6	-3.2	0	1.2	1.0	-1.1	-6.6
C 權衡電網修正值	-3.0	-0.5	-0.2	0	0	0	-0.2	-0.8	-3.0	-9.0

NRR 概念說明：

1. NRR 法係以單一指標來表示防音防護具的聲音衰減性能，提供作業現
場安全衛生人員選用防音防護具之簡易判斷依據。

2. NRR 值考量配戴者的個體差異，故將計算之保護值減去二個標準偏
差，以確定配戴此防音防護具時，有 98%的配戴者可達 NRR 值的防
音效果。

3. NRR 法於計算聲音衰減值時，因考量由 C 權衡電網換算配戴防音防護
具後與耳內 A 權衡電網值的差異，故將聲音衰減值多減了 3 dB。基於
保護勞工聽力免於因暴露而受損之考量，事業單位應依作業現場情況
選用標示已測試聲音衰減值之防音防護具供勞工使用。

▶▶ 解答

fc(Hz)	125	250	500	1k	2k	4k	8k
1. 粉紅噪音級	100	100	100	100	100	100	100
2. C 權衡電網修正值	-0.2	0	0	0	-0.2	-0.8	-3.0
3. 經 C 權衡電網修正後值(1+2)	99.8	100	100	100	99.8	99.2	97.0
4. A 權衡電網修正值	-16.1	-8.6	-3.2	0	1.2	1.0	-1.1
5. 經 A 權衡電網修正後值(1+4)	83.9	91.4	96.8	100	101.2	101.0	98.9
6. 防護具衰減值	14	19	25	28	30	34	42

7. 2×標準偏差	6	6	6	6	8	8	8
8. 衰減值-2×偏差	8	13	19	22	22	26	34
9. 防護具配戴後音壓級 5-8	75.9	78.4	77.8	78	79.2	75	64.9

（一）1. C 權衡電網修正後各音壓級加總

$$L_{tC} = 10 \log(10^{\frac{99.8}{10}} + 10^{\frac{100}{10}} + \cdots\cdots + 10^{\frac{97}{10}}) = 107.9 \text{ (dBc)}$$

2. 量配戴者的個體差異，故將計算之 NRR 值（保護值或衰減值）減去 2 個標準偏差值。

3. 配戴防護具後各音壓級加總

$$L_{tW} = 10 \log(10^{\frac{75.9}{10}} + 10^{\frac{78.4}{10}} + \cdots\cdots + 10^{\frac{75}{10}}) = 85.4 \text{ (dB)}$$

4. 耳塞之保護值為

107.9-85.4-3=19.5 (dB)

（3 為 A 權衡電網與 C 權衡電網間之差額）

（二）正確戴用該耳塞後之噪音值為 85.4 (dB)。

CHAPTER 10

相關法規與
綜合評量

第一節　職業噪音與振動相關法規

第一節　職業噪音與振動相關法規

法源	內容
《職業安全衛生法》第6條	噪音、振動應有符合規定之必要安全衛生設備及措施
	雇主對下列事項應有符合規定之必要安全衛生設備及措施：
	一、防止機械、設備或器具等引起之危害。
	二、防止爆炸性或發火性等物質引起之危害。
	三、防止電、熱或其他之能引起之危害。
	四、防止採石、採掘、裝卸、搬運、堆積或採伐等作業中引起之危害。
	五、防止有墜落、物體飛落或崩塌等之虞之作業場所引起之危害。
	六、防止高壓氣體引起之危害。
	七、防止原料、材料、氣體、蒸氣、粉塵、溶劑、化學品、含毒性物質或缺氧空氣等引起之危害。
	八、防止輻射、高溫、低溫、超音波、噪音、振動或異常氣壓等引起之危害。
《職業安全衛生法施行細則》第28條	噪音作業屬於特別危害健康作業
	本法（《職業安全衛生法》）第20條第1項第2款所稱特別危害健康作業，指下列作業：
	一、高溫作業。
	二、噪音作業。
	三、游離輻射作業。
	四、異常氣壓作業。
	五、鉛作業。
	六、四烷基鉛作業。
	七、粉塵作業。
	八、有機溶劑作業，經中央主管機關指定者。
	九、製造、處置或使用特定化學物質之作業，經中央主管機關指定者。
	十、黃磷之製造、處置或使用作業。

法源	內容
	十一、聯啶或巴拉刈之製造作業。
	十二、其他經中央主管機關指定公告之作業。
《勞工健康保護規則》第 2 條附表一	噪音特別危害健康作業定義
	勞工噪音暴露工作日 8 小時日時量平均音壓級在 85 分貝以上之噪音作業。
《勞工健康保護規則》第 14 條附表九	噪音作業特殊體格檢查與特殊健康檢查項目表
	(1) 作業經歷、生活習慣及自覺症狀之調查。
	(2) 服用傷害聽覺神經藥物（如水楊酸或鏈黴素類）、外傷、耳部感染及遺傳所引起之聽力障礙等既往病史之調查。
	(3) 耳道檢查。
	(4) 聽力檢查(audiometry)。
	（測試頻率至少為 500、1,000、2,000、3,000、4,000、6,000 及 8,000 赫之純音，並建立聽力圖）
	定期檢查期限 1 年
《職業安全衛生設施規則》第 283 條	聽力防護具設置規定
	雇主為防止勞工暴露於強烈噪音之工作場所，應置備耳塞、耳罩等防護具，並使勞工確實戴用。
職業安全《衛生設施規則》第 298 條	噪音、振動有害作業場所防制法源
	雇主對於處理有害物、或勞工暴露於強烈噪音、振動、超音波及紅外線、紫外線、微波、雷射、射頻波等非游離輻射或因生物病原體汙染等之有害作業場所，應去除該危害因素，採取使用代替物、改善作業方法或工程控制等有效之設施。
《職業安全衛生設施規則》第 300 條	噪音暴露相關規定
	雇主對於發生噪音之工作場所，應依下列規定辦理：勞工工作場所因機械設備所發生之聲音超過 90 分貝時，雇主應採取工程控制、減少勞工噪音暴露時間，使勞工噪音暴露工作日 8 小時日時量平均不超過（一）表列之規定值或相當之劑量值，且任何時間不得暴露於峰值超過 140 分貝之衝擊性噪音或 115 分貝之連續性噪音；

法源	內容
	對於勞工 8 小時日時量平均音壓級超過 85 分貝或暴露劑量超過 50%時，雇主應使勞工戴用有效之耳塞、耳罩等防音防護具。 勞工暴露之噪音音壓級及其工作日容許暴露時間如下列對照表：

工作日容許 暴露時間（小時）	噪音音壓級 dB(A)
8	90
6	92
4	95
3	97
2	100
1	105
1/2	110
1/4	115

（二） 勞工工作日暴露於二種以上之連續性或間歇性音壓級之噪音時，其暴露劑量之計算方法為：

$$\frac{第一種噪音音壓級之暴露時間}{該噪音音壓級對應容許暴露時間} + \frac{第一種噪音音壓級之暴露時間}{該噪音音壓級對應容許暴露時間} + \cdots\cdots => < 1$$

其和大於 1 時，即屬超出容許暴露劑量。

（三） 測定勞工 8 小時日時量平均音壓級時，應將 80 分貝以上之噪音以增加 5 分貝降低容許暴露時間一半之方式納入計算。

二、 工作場所之傳動馬達、球磨機、空氣鑽等產生強烈噪音之機械，應予以適當隔離，並與一般工作場所分開為原則。

三、 發生強烈振動及噪音之機械應採消音、密閉、振動隔離或使用緩衝阻尼、慣性塊、吸音材料等，以降低噪音之發生。

四、 噪音超過 90 分貝之工作場所，應標示並公告噪音危害之預防事項，使勞工周知。

法源	內容
《職業安全衛生設施規則》第 300-1 條	聽力保護措施（計畫） 雇主對於勞工 8 小時日時量平均音壓級超過 85 分貝或暴露劑量超過 50%之工作場所，應採取下列聽力保護措施，作成執行紀錄並留存 3 年： 一、噪音監測及暴露評估。 二、噪音危害控制。 三、防音防護具之選用及佩戴。 四、聽力保護教育訓練。 五、健康檢查及管理。 六、成效評估及改善。 前項聽力保護措施，事業單位勞工人數達 100 人以上者，雇主應依作業環境特性，訂定聽力保護計畫據以執行；於勞工人數未滿 100 人者，得以執行紀錄或文件代替。
《職業安全衛生設施規則》第 301 條	全身振動暴露時間規定 雇主僱用勞工從事振動作業，應使勞工每天全身振動暴露時間不超過下列各款之規定： 一、垂直振動三分之一八音度頻帶中心頻率（單位為赫、HZ）之加速度（單位為每平方秒公尺、M/S^2），不得超過表一規定之容許時間。（詳附件） 二、水平振動三分之一八音度頻帶中心頻率之加速度，不得超過表二規定之容許時間。（詳附件）
《職業安全衛生設施規則》第 302 條	局部振動暴露時間規定 雇主僱用勞工從事局部振動作業，應使勞工使用防振把手等之防振設備外，並應使勞工每日振動暴露時間不超過下表規定之時間： 局部振動每日容許暴露時間表

局部振動每日容許暴露時間表

每日容許暴露時間	水平及垂直各方向局部振動最大加速度值 公尺／平方秒(m/s²)
4 小時以上，未滿 8 小時	4
2 小時以上，未滿 4 小時	6
1 小時以上，未滿 2 小時	8
未滿 1 小時	12

法源	內容
《勞工作業環境監測實施辦法》第7條	監測作業場所及監測頻率 雇主應依下列規定，實施作業環境監測。但臨時性作業、作業時間短暫或作業期間短暫之作業場所，不在此限： 一、 設有中央管理方式之空氣調節設備之建築物室內作業場所，應每 6 個月監測二氧化碳濃度一次以上。 二、 下列坑內作業場所應每 6 個月監測粉塵、二氧化碳之濃度一次以上： （一） 礦場地下礦物之試掘、採掘場所。 （二） 隧道掘削之建設工程之場所。 （三） 前二目已完工可通行之地下通道。 三、 勞工噪音暴露工作日 8 小時日時量平均音壓級 85 分貝以上之作業場所，應每 6 個月監測噪音一次以上。

考題解析

一、解釋名詞

1. A 權衡網路。（職業衛生技師）

▶▶ 解答

　　噪音計所具有的不同頻率反應特性，權衡電網又稱聽感補正回路，由於人類耳朵對不同的頻率具不同的感受度，對聲音頻率非均具線性關係，對低頻率較不敏感，對高頻率敏感度則較具線性關係，故需設計音波濾波器(Filter)來權衡耳朵對聲音感覺之生理敏感度，此種聲音之過濾器，稱之為權衡網路（電網）。因 A 權衡網路接近吾人耳朵對噪音的效應，所以在環境與職業衛生上都使用它，其測值以 dBA 或 dB(A)表示。

2. 噪音之遮蔽效應(masking effect)。（職業衛生技師）

▶▶ 解答

　　在環境中因某聲音的存在而影響到耳朵對於接收標的聲音之敏感度削弱的現象，稱為遮蔽效應，例如，吹風機聲音（噪音）蓋過電話鈴聲，而導致漏接來電。亦即聲音之可聽見閾值，由於其他聲音存在而必須提高。

3. 點音源並舉出一例。（職業衛生技師）

▶▶ 解答

　　音源的本體為單一的設備，音源發出的聲音呈放射狀，向四面八方傳遞，稱為點音源(Point source)，如抽水馬達、喇叭、上課之麥克風等。

4. 線音源並舉出一例。（職業衛生技師）

▶▶ 解答

　　音源成一直線連續時，稱為線音源，一般穩定而持續之交通噪音皆可視為線音源(Linear noise)，例如：高速公路連續車流產生的噪音。線音源強度和距離一次方成反比，亦即與線音源之距離倍增時，強度減為1/2，噪音量約減少 3 分貝。

5. 在噪音領域常用到的名詞 Phon 之實質內涵為何？（職業衛生技師）

▶▶ 解答

　　響度(loudness)又稱音量，是量度聲音的大小且受主觀知覺影響的物理量，符號為 N，常用單位為噪(Sone)。兩個不同頻率的純音雖具有同樣的音壓級，但人耳的聽覺感度不同，在心理聲學上被感知為響度（音量）不同。通常人耳對低頻音感知能力較低，對中高頻感受力較高，故考慮人耳特性，藉由響度級(loudness level)對於音壓級之物理量予以修正，以對數尺度表示的響度級，符號為 LN，其單位為唪(phon)。

6. 響度位準(loudness level)。（職業衛生技師）

▶▶ 解答

　　響度位準是噪音響度的量度方式，以頻率 1000 Hz 的純音所產生的聲波傳送至正常聽覺者來判斷聲音之相對大小，此時響度位準值即為 1 KHz 純音之音壓位準值，以唪(Phon)為單位。頻率為 1000 Hz 時，響度位準值與音壓位準值相同，通常每增加 10 個 Phon，表示音量增為 2 倍。

7. 傳音性聽力損失(conductive hearing loss)。（職業衛生技師）

▶▶ 解答

　　由於疾病或外傷導致中耳或外耳受傷所造成之聽力損失，亦即傳遞聲音的組織因物理性或病理性因素破壞造成聽力的損失。

8. 主動式噪音控制耳罩(active noise control earmuff)。(職業衛生技師)。

▶▶ 解答

　　主動式噪音控制耳罩是運用噪音主動控制技術來達到噪音衰減目的之耳罩。其外殼阻擋並衰減較高頻的外部噪音進入人耳；此外，則藉由放置於耳罩內的揚聲器發出與較低頻噪音音波相反的聲音，以抵消聲能方式達到降低噪音的目的，此種反音波的防音式耳罩，可主動收錄周圍的環境音、噪音聲等，但不會阻絕作業環境的警示音或危險音。主動式噪音控制耳罩主要運用於保護高噪音作業環境勞工的聽力，例如機場飛機引導作業、大型機器機房檢修作業等。

9. 被動式噪音控制耳罩(passive noise control earmuff)。(職業衛生技師)

▶▶ 解答

　　運用耳罩罩體本身的設計加上吸音、隔音、阻尼等方法以阻隔噪音的耳罩稱之為被動式噪音控制耳罩，一般被動式噪音控制耳罩在低頻範圍防護效果較差。

10. 解釋反應型消音器之特性，並舉兩個例子說明。(職業衛生技師)

▶▶ 解答

　　反應型消音器之特性是利用聲音的反射、干涉及共鳴等特性減少向下游傳播之聲音能量而達成衰減聲音為目的之裝置。例如干涉型消音器、共鳴型消音器、膨脹型消音器及噴嘴型消音器等。

11. 局部性振動。(職業衛生技師)

▶▶ 解答

　　局部性振動頻率範圍在 8~1000 Hz，主要是使用手持式動力手工具，振動能量以波動型式，藉由固體介質從振動源傳遞至操作者的手及手臂甚至全身。

二、問答與計算題

 範例一

　　某汽車組裝廠勞工的作業環境工作日 8 小時時量平均音壓級測量結果分別為 78 分貝、83 分貝、87 分貝及 94 分貝，請說明對此四個不同部門勞工應採取的噪音危害預防措施。（職業衛生技師）

▶▶ **解答**

　　汽車組裝廠勞工的作業環境，對四個不同部門勞工應採取的噪音危害預防措施：

78 分貝	未達法令相關措施要求，但仍需持續於噪音監測及暴露評估中留意其評估的代表性與穩定性，若相關部門作業勞工皆穩定於此相關場所中作業，且噪音劑量值也都維持在工作日 8 小時時量平均音壓級 78 分貝左右，則僅需實施聽力保護教育訓練與適時掌握相關作業勞工聽力狀態即可。
83 分貝	工作日 8 小時時量平均音壓級為 83 分貝，接近需法令相關措施要求的 85 分貝，要持續於噪音監測及暴露評估，並注意評估樣本的代表性與穩定性，除前項保護措施外，對於敏感性較高或有聽力障礙者，可備置耳塞、耳罩等防護具供勞工戴用。
87 分貝	依《職業安全衛生設施規則》第 300-1 條，工作日 8 小時日時量平均音壓級超過 85 分貝應採取聽力保護措施，作成執行紀錄並保存 3 年： 1. 噪音監測及暴露評估。 2. 噪音危害控制。 3. 防音防護具之選用及佩戴。 4. 聽力保護教育訓練。 5. 健康檢查及管理。 6. 成效評估及改善。 暴露 85 分貝以上噪音，每年至少一次聽力檢查，並將每年聽力敏感圖與基準聽力圖比較，評估計畫成效。

94 分貝	94 分貝：除前項實施聽力保護計畫外，另依《職業安全衛生設施規則》第 300 條規定，工作場所因機械設備所發生之聲音超過 90 分貝時，雇主應採取工程控制、減少勞工噪音暴露時間，工作場所應標示並公告噪音危害之預防事項，使勞工周知。

 範例二

（一）假設為自由音場環境下，某一工作環境有兩個噪音源，測得之共同噪音量測值為 80 dB，若其中一音源之獨立噪音量測值為 70 dB，試問另一音源的噪音量測值會是若干 dB？（需列式說明計算概念）

（二）沖床作業產生的環境噪音應歸類為何種噪音特性？從法規面，應如何進行工作噪音之量測與管制？（職業安全衛生技師）

▶▶ 解答

（一）1. 計算公式法

$$L_a = 10\log(10^{\frac{L_t}{10}} - 10^{\frac{L_b}{10}})$$

L_t：合成之音壓級；

L_a：a 音源之獨立噪音量測值；

L_b：b 音源之獨立噪音量測值；

$$L_a = 10\log(10^{\frac{80}{10}} - 10^{\frac{70}{10}}) = 10\log(9 \times 10^7) = 10\log(3^2 \times 10^7)$$
$$= 10 \times (2 \times 0.4771 + 7) = 79.54 \cong 80 \text{ (dB)}$$

2. 估算法

兩音壓級 L_t 及 L_b，且 $L_t \geq L_b$

兩音壓差值 $L_t - L_b$	3	4,5	6~9	10
L_t 減去對應減值以估算 L_a 值(dB)	3	2	1	0

$L_t = 90$；$L_b = 80$

兩音壓差值=90-80=10，對應減值為 0

$$L_a = 80 - 0 = 80 \, (dB)$$

（二）依衝擊性噪音特性：

1. 噪音從發生到達到最大振幅所需要的時間小於 0.035 秒。

2. 由最大音波峰值（尖峰值）往下降低 30 dB 所需的時間在 0.5 秒內。

3. 兩次衝擊間的間隔不得小於 1 秒鐘，否則將視為連續性噪音。

4. 音壓尖峰值法規規定不得大於 140 分貝。

5. 衝擊性噪音如衝床（沖床）作業、營建工程打地樁工程等。

沖床作業產生的環境噪音應歸類為衝擊性噪音。

（三）噪音量測部分：

1. 以示波器繪製衝擊性噪音之歷時分布圖，記錄波峰值的出現並檢核衝擊性噪音是否符合定義。

2. 將噪音計功能健設定在 Peak 及 A 權衡電網測定衝擊性噪音的峰值。

3. 與現行法規比較並判定：

   (1) 是否符合法規對衝擊性噪音瞬間峰值音壓級 140(dBA)之限制。

   (2) 勞工衝擊性噪音暴露劑量不能超過 100%劑量。

噪音管制部分：

1. 工程改善：執行音源工程控制研究以降低音量，以及進行噪音傳播途徑改善探討（吸音、遮音或消音等控制）。

2. 管理控制：改變生產計畫或工時調配，使勞工暴露劑量合乎法規，並選用適當的防音防護具及執行勞工教育訓練課程，以及持續監測評估保護計畫之有效性。

3. 健康檢查：執行勞工聽力圖檢查，並定期追蹤及評估個人防音防護具成效。

範例三

試述工廠冷卻水塔產生之噪音特徵及其防治技術。(職業衛生技師)

▶▶ 解答

(一)工廠冷卻水塔產生之噪音特性說明如下:

1. 冷卻水塔的噪音源組成有鼓風機進排氣噪音、冷卻水作動噪音、鼓風機減速器與電動機噪音、冷卻水塔水泵、配管與閥門噪音。

2. 冷卻水塔機械動力設備在運轉時,因伴隨著所產生的振動沿著柱、樓板、牆面等建築物本體結構傳遞至工作者或附近居民,所產生嗡嗡作響沒有突出峰值的低頻噪音,造成影響與困擾。

(二)冷卻水塔之風扇運轉、進出風口、水滴聲、抽水馬達等都會產生噪音,其改善的方式如下:

1. 換用音量較小的新抽水馬達。

2. 可增加葉片數,將低頻音升為高頻音,以利吸音處理。

3. 進出風口以吸音隔板作消音處理,亦可建隔音牆隔音。

4. 冷卻水滴水聲的問題,則可在底部水槽處設置浮式之減音板,以緩衝水滴直接打在水面的聲音。

5. 最好是做整體規劃,將冷卻水塔遠離噪音敏感區,藉廠房之設備、建築之遮蔽以達到防治效果。

範例四

　　某一衝剪機械產生一百分貝之噪音，請問工業衛生技師如何規劃其管制對策。（職業安全衛生技師）

▶▶ **解答**

　　衝剪機械產生 100 分貝之噪音，此作業場所因已超過 85 分貝之 8 小時日時量平均音壓級，故依《職業安全衛生法》第 20 條稱之為特別危害健康作業，應該採取工程控制對策為：

（一）噪音源之控制策略：

　　進行噪音源控制時，需考量工廠整體生產製程與機械配置，因此除對噪音源進行工程設計外，尚可藉由機器本身之防音處理與適當之操作保養來減少噪音量。說明如下：

　　1. 機器設備之替換與消音器設計：

　　　（1）減少或避免機器零件的衝擊與摩擦。

　　　（2）以噪音量較小的塑橡膠零件替代金屬零件。

　　　（3）調整機器轉速，降低其噪音量。

　　　（4）電動馬達噪音源封閉處理。

　　　（5）改變液壓系統之幫浦形式。

　　　（6）改善通風系統，更換靜音風扇或裝置減音器於通風管道。

　　　（7）空氣壓縮機的入口與出口加裝消音器。

　　2. 物料製程運輸過程之改善：

　　　（1）運輸過程應避免衝擊與碰撞。

　　　（2）使用軟式塑膠、橡膠或阻尼材料來承受衝擊。

　　　（3）依物料數量調整輸送帶速度，避免物體之振動與碰撞產生噪音。

3. 噪音振動源之衰減：

(1) 阻尼材料之處理：於振動體結構表面或於中間夾層使用阻尼材料，藉由阻尼材料的伸縮作用降低振動，轉換為熱能。

(2) 振動隔離：以振動隔離器或防振材料來降低振動。

(3) 以防振連結設計來降低因振動而產生噪音。

(4) 慣性塊固定機體底座並加墊減振材料以減少振動。

（二）噪音傳播途徑之控制：

1. 將噪音源封閉覆蓋，減少噪音輻射面積。

2. 設置隔音屏或隔音牆；增加受音者與音源間之距離。

3. 貼附或懸吊適當之吸音材料以吸收噪音，減少聲音之迴響。將各反射面進行吸音處理。

（三）接受者噪音暴露的降低：

1. 作業人員隔離於防音工作室內。

2. 防音防護具佩戴。

3. 勞工暴露時間管理。

（四）健康管理：

1. 受僱勞工於職前實施聽力測定檢查。

2. 衝剪作業勞工每年至少應接受聽力測定檢查一次。

（五）行政管理：

1. 安全教導：使勞工了解噪音暴露的危害性。

2. 使用個人防護具：如耳塞、耳罩等。

參考文獻

何明。2019。空氣汙染防制與噪音管制。一版：大碩教育(股)公司。

侯弘誼、吳煜榛。2019。職業衛生。三版：全華圖書(股)公司。

吳佳璋。振動學。2016。第二版：新文京開發出版(股)公司。

劉嘉俊、盧博堅。2019。噪音控制與防制。二版一刷：滄海書局。

蘇德勝。2003。噪音原理及控制。 第十版：臺隆出版社。

林建三。2012。環境工程概論。鼎茂圖書公司。

林健三。2014。環保行政學。文笙書局。

洪銀忠。2000。作業環境控制工程。初版：揚智文化事業(股)公司。

張錦松、張錦輝。2019。噪音振動控制。七版三刷：高立圖書有限公司

蔡國隆、王光賢、涂聰賢。聲學原理與噪音量測控制。第四版。全華圖書(股)公司

陳淨修。2019。物理性作業環境監測。七版。新文京開發出版(股)公司

邱銘杰、藍天雄。2014。噪音控制原理與工程設計。初版一刷。五南圖書出版(股)公司

邱銘杰、張英俊、藍天雄。2008。噪音振動之原理與應用。初版。臺灣東華書局(股)公司

蕭中剛等。2021。職業衛生技師歷屆考題彙編。初版。碁峰資訊(股)公司

陳淨修。2020。職業衛生技師歷年經典題庫總彙。一版一刷。千華數位文化(股)公司

陳淨修。2019。職業衛生技師歷年經典題庫總彙。一版一刷。千華數位文化(股)公司

陳淨修。2019。職業衛生管理甲級技術士歷次學、術科試題及解析彙編。千華數位文化(股)公司

陳仲達。噪音作業健康服務工作指引。2014。高雄市政府勞工局勞動檢查處

環保署空噪處。2017。噪音原理防制材料簡介手冊。行政院環境保護署。

環保署空噪處。2017。噪音改善施工方法案例參考手冊。行政院環境保護署。

新竹科學園區園區管理局。2011。勞工聽力保護計畫指引。

新竹科學園區園區管理局。2010。物理性因子作業環境測定計畫撰寫指引。

張宏偉 、湯豐誠。2019。職業性聽力損失診斷認定參考指引 。勞動部職業安全衛生署

潘儀聰、陳協慶。2008。勞工安全設施規則振動暴露方法與 ISO2631 規範比較研究。行政院勞工委員會勞工安全衛生研究所。

林桂儀、莊侑哲。2016。國內聽力保護計畫實施現況及發展策略研究。勞動部勞動及職業安全衛生研究所

潘儀聰等。2009。全身振動暴露危害評估研究。中華民國音響學會會員大會暨第二十二屆學術研討會

盧威宇。2017。防制技術案例分享及材料選用技巧。台北市政府環保局。

林桂儀、黃忠信。2012。發泡無機聚合物隔音效能數值分析。行政院勞工委員會勞工安全衛生研究所。

趙寶強。2013。職場低頻噪音暴露評估與健康影響研究。臺北醫學大學
　　公共衛生學系暨研究所

環境噪音測量方法。中華民國 105 年 11 月 25 日環署檢字第 1050095238
　　號公告。NIEA P201.96C

防護具選用技術手冊(防音防護具)。1998。行政院勞工委員會勞工安全
　　衛生研究所

工業汙染防治技術服務團。1991。工業汙染技術手冊之十七工業噪音與
　　防制。經濟部工業局。

參考文獻	QR Code	參考文獻	QR Code
不同阻尼比對質塊的振動有甚麼影響？		噪音作業：三分貝 vs. 五分貝法則	
生產性振動的主要危害有哪些?		防音技術及材料運用說明簡報	
Pink Noise		粉紅噪音似乎比白噪音更討喜	
為甚麼在「順風」時會較易聽到遠處的聲音？而在「逆風」時聲音會變得微弱？		聲音的旅行 探索耳朵裡精密「零件」的運作	

參考文獻	QR Code	參考文獻	QR Code
如何閱讀聽力圖？		The transmission of outdoor sound through and around barriers - the Fresnel Number	
何謂 NRR 值？NRR 值越高越好？		空調系統裡的消聲器	
Noise Reduction Rating (NRR) Explained		右進企業有限公司~RHH PU 發泡隔音	
測量殘響時間 RT60（臺灣高空企業有限公司）		NRR 值怎麼計算？臻安工業有限公司	
隔音材料有哪些？如何選擇隔音材料？		Harold's 環安衛觀點~耳塞、耳罩的 NRR 值	
何謂 NRR 值？宏揚安全器材有限公司		Hand-Transmitted Vibration	

參考文獻	QR Code	參考文獻	QR Code
CTS 消音器 ～君帆工業(股)公司		東海大學實驗場所教職員工生聽力保護計畫	
勞工聽力保護計畫-工安小百科		噪音劑量計 ST-130/ST-130S 使用說明書	
聽力圖的解讀		噪音知多少？	
Spectrum Analyzer 頻譜分析儀		噪音暴露對勞工聽力的影響	
漫談噪音性聽力損失		噪音之監測	
八音度		振動造成之疾病	

參考文獻	QR Code	參考文獻	QR Code
勞工安全衛生證照輔導		作業中振動的危害及預防	
名賢實業有限公司~噪音中空板工程		生活中的共振	
聲音的折射與繞射			

MEMO

MEMO

MEMO